AFRIKA-STUDIEN Nr. 3

Die Schriftenreihe „Afrika-Studien" wird herausgegeben vom Ifo-Institut für Wirtschaftsforschung e. V. München in Verbindung mit

Prof. Dr. Dr. h. c. RUDOLF STUCKEN, Erlangen
Prof. Dr. HANS WILBRANDT, Göttingen
Prof. Dr. EMIL WOERMANN, Göttingen

Gesamtredaktion:

Dr. phil. WILHELM MARQUARDT, München,
Afrika-Studienstelle im Ifo-Institut

Dr. agr. HANS RUTHENBERG, Berlin,
Institut für ausländische Landwirtschaft

IFO-INSTITUT FÜR WIRTSCHAFTSFORSCHUNG
AFRIKA-STUDIENSTELLE

Volkswirtschaftliche Gesamtrechnung in Tropisch-Afrika

Von

ROLF GÜSTEN und HELMUT HELMSCHROTT

Entwicklungsstand und Aufgaben der volkswirtschaftlichen Gesamtrechnung in Tropisch-Afrika. Eine Übersicht (R. GÜSTEN)

Methoden und Probleme der volkswirtschaftlichen Gesamtrechnung in Ostafrika am Beispiel Ugandas (H. HELMSCHROTT)

SPRINGER-VERLAG

BERLIN · HEIDELBERG · NEW YORK

1965

GEFÖRDERT VON DER FRITZ THYSSEN-STIFTUNG, KÖLN

ISBN-13: 978-3-540-03247-2   e-ISBN-13: 978-3-642-99881-2
DOI: 10.1007/978-3-642-99881-2

Titel-Nr. 7313

Vorwort

Die Regierungen der meisten afrikanischen Staaten haben sich die Aufgabe gestellt, die wirtschaftliche Entwicklung planmäßig voranzutreiben. Die Afrika-Studienstelle widmet daher den Methoden der Wirtschaftsplanung in Tropisch-Afrika ihre besondere Aufmerksamkeit (vgl. N. Ahmad/ E. Becher/E. Harder: Wirtschaftsplanung und Entwicklungspläne in Tropisch-Afrika — vor dem Abschluß — sowie von den gleichen Verfassern: Entwicklungsbanken und -gesellschaften in Tropisch-Afrika; Afrika-Studien, Heft 1).

Ob die Einflußnahme auf die wirtschaftliche Entwicklung im Rahmen von mehrjährigen Wirtschaftsplänen oder lediglich von Fall zu Fall mit Hilfe von wirtschaftspolitischen Lenkungsmaßnahmen versucht wird, beide Male entsteht aus dieser Aufgabe das Bedürfnis und der Wunsch nach einer genaueren Kenntnis der Richtung und des Umfangs der Güterströme einerseits und des Bestandes an produktiven Reserven andererseits. Diese Informationen soll die volkswirtschaftliche Gesamtrechnung vermitteln. Der wissenschaftliche Beirat beim Bundeswirtschaftsministerium bezeichnete zusammenfassende, volkswirtschaftliche Gesamtdarstellungen als ein unerläßliches Hilfsmittel, um die wirtschaftspolitischen Maßnahmen des Staates möglichst zielsicher, zweckmäßig und koordiniert einzusetzen (Gutachten vom 23. X. 1954).

Von englischer, französischer und belgischer Seite ist seit etwa einem Jahrzehnt wertvolle Arbeit geleistet worden, um die Möglichkeiten, die in der volkswirtschaftlichen Gesamtrechnung liegen, auch für die überseeischen Gebiete nutzbar zu machen. In der Studie von Rolf Güsten wird versucht, einen Überblick über das bisher Erreichte und die Bestrebungen zum weiteren Ausbau dieses wichtigen wirtschaftspolitischen Instruments in den Ländern Tropisch-Afrikas zu geben. Etwas näher wird dabei auf das Gesamtrechnungssystem in den früher französischen Gebieten eingegangen. Soweit uns bekannt, ist dieses Thema für Afrika bisher noch nicht zusammenfassend in deutscher Sprache behandelt worden, während es im englischen und französischen Sprachbereich wissenschaftlich schon ausgiebig diskutiert wurde, wie die Literaturhinweise erkennen lassen.

Der zweite Beitrag in diesem Heft von Helmut Helmschrott geht auf die volkswirtschaftliche Gesamtrechnung eines bestimmten afrikanischen

V

Staates — in diesem Falle Ugandas — im einzelnen ein. Die Untersuchung konzentriert sich auf die Erhebungs- und Schätzverfahren, die bei der Erstellung der Gesamtrechnung in Uganda bisher angewandt wurden. Die gleichen Methoden und Probleme finden wir großenteils — in unveränderter oder etwas abgewandelter Form — auch in den anderen Ländern Ostafrikas wieder.

Die Afrika-Studienstelle wird diesen Fragen auch in Zukunft laufend nachgehen. Sie bittet die Leser dieser ersten Studie über volkswirtschaftliche Gesamtrechnungen im afrikanischen Raum um ihre Mitarbeit zur Vertiefung unserer Kenntnisse auf diesem Gebiet. Dabei sollten wir uns allerdings auch der Grenzen, die der volkswirtschaftlichen Gesamtrechnung als Instrument des Erkennens wirtschaftlicher Zusammenhänge gesetzt sind, bewußt bleiben. Denn die Wirtschaft ist keineswegs nur ein Buchhaltungs-, Kreislauf- und Marktmechanismus. „Die wirkliche Wirtschaft ist unendlich viel mehr... Sie ist ein lebendiger Prozeß, in den der ganze Reichtum des menschlichen Lebens mit seinen Trieben, Gewohnheiten, Idealen, Wagnissen, Entscheidungen, mit seinem Zusammenwirken und seinen Kämpfen zusammenspielt" (E. BÖHLER).

<table>
<tr><td>Dr. WILHELM MARQUARDT</td><td>Prof. Dr. HANS LANGELÜTKE</td></tr>
<tr><td>Leiter der Afrika-Studienstelle</td><td>Vorsitzender des Vorstandes</td></tr>
<tr><td>im Ifo-Institut</td><td>des Ifo-Instituts</td></tr>
</table>

Überblick über das Afrika-Forschungsprogramm

Das gesamte Forschungsprogramm umfaßte nach dem Stand Ende Juni 1964 die nachfolgend genannten Untersuchungen gesamtwirtschaftlicher und einzelwirtschaftlicher Art. Zur Unterrichtung über Änderungen und Ergänzungen sowie über den Gang der Veröffentlichung bringt jedes Heft der „Afrika-Studien" eine Übersicht über das Gesamtprogramm.

Gesamtwirtschaftliche Studien

a) Tropisch-Afrika

N. AHMAD/E. BECHER, Entwicklungsbanken und -gesellschaften in Tropisch-Afrika (erschienen als Heft 1)

R. GÜSTEN/H. HELMSCHROTT, Volkswirtschaftliche Gesamtrechnung in Tropisch-Afrika (Heft 3)

N. AHMAD/E. BECHER/E. HARDER, Wirtschaftsplanung und Entwicklungspläne in Tropisch-Afrika (v. Abschluß)

b) Ostafrika

L. SCHNITTGER, Steuersysteme und Steuerpolitik als Mittel der wirtschaftlichen Entwicklung in Ostafrika (v. Abschluß)

R. GÜSTEN, Zur Problematik wirtschaftlicher Zusammenschlüsse in Ostafrika (i. Vorbereitung)

R. VENTE, Methoden und Ergebnisse der Wirtschaftsplanung in Ostafrika (i. Vorbereitung)

F. GOLL, Die Hilfe Israels für Entwicklungsländer unter besonderer Berücksichtigung Ostafrikas (i. Bearbeitung)

Landwirtschaftliche Studien

a) Tropisch-Afrika

A. REITHINGER, Möglichkeiten der Diversifizierung der Agrarproduktion in Tropisch-Afrika (v. Abschluß)

(Versch.), Die Auswirkungen der EWG-Agrarmarktordnung auf die Exportmöglichkeiten der Entwicklungsländer (i. Bearbeitung)

H. PÖSSINGER, Stand und Problematik der landwirtschaftlichen Entwicklung in Portugiesisch-Afrika (abgeschlossen)

b) Ostafrika

1. Zusammenfassende Rahmenuntersuchungen

H. RUTHENBERG, Agricultural Development in Tanganyika (erschienen als Heft 2)

ders., Die bäuerliche Produktion in Kenya und Maßnahmen zu ihrer Förderung (i. Vorbereitung)

2. Botanische, tierzüchterische und ökonomische Fragen der Rinderhaltung in Ostafrika

H. LEIPPERT, Die natürlichen Pflanzengesellschaften in den Trockengebieten Ostafrikas (i. Bearbeitung)

K. MEYN, Die Fleischproduktion in den Trockengebieten Ostafrikas (i. Bearbeitung)

N. NEWIGER, Gemeinschaftliche Formen der Viehhaltung (und des Ackerbaus) in Ostafrika (i. Vorbereitung)

E. RADDATZ, Die Organisation der afrikanischen Bauernbetriebe mit Milchviehhaltung in Kenya (i. Bearbeitung)

H. KLEMM, Die Organisation der Fleisch- und Milchmärkte Ostafrikas (i. Vorbereitung)

3. Die Organisation bäuerlicher Betriebssysteme in Ostafrika

D. V. ROTENHAN, Die Organisation der Bodennutzung im Sukumaland (Baumwolle) (v. Abschluß)

H. PÖSSINGER, Möglichkeiten und Grenzen des Bauernsisal in Ostafrika (i. Bearbeitung)

S. GROENEVELD, Die Organisation der Rinder-Kokospalmen-Betriebe bei Tanga (i. Bearbeitung)

W. SCHEFFLER/A. V. GAGERN, Betriebswirtschaftliche und soziologische Probleme der bäuerlichen Tabakproduktion in Tanganyika (i. Bearbeitung)

K. FRIEDRICH/H. JÜRGENS, Die Organisation der Bodennutzung und Viehhaltung im Kaffee-Anbaugebiet bei Bukoba/Tanganyika (i. Bearbeitung)

E. BAUM, Die bäuerliche Betriebsstruktur im Kilombero-Tal (i. Vorbereitung)

4. Sonstige Untersuchungen im Zusammenhang mit der landwirtschaftlichen Entwicklung

M. PAULUS, Die Rolle der Genossenschaften in der wirtschaftlichen Entwicklung Ostafrikas, speziell Tanganyikas (v. Abschluß)

W. POEPLAU/CHR. SCHLAGE, Ernährungsgewohnheiten und Ernährungsmängel in Nordtanganyika (i. Bearbeitung)

F. DIETERLEN/P. KUNKEL, Tropische Nagetiere und Vögel als Schädlinge in der Landwirtschaft (i. Bearbeitung)

W. KÜHME, Tierverhaltensforschung in der Serengeti (i. Bearbeitung)

Studien über Handel und Gewerbe

H. KAINZBAUER, Der Handel in der wirtschaftlichen Entwicklung Tanganyikas (i. Bearbeitung)

K. SCHÄDLER, Das Handwerk in der wirtschaftlichen Entwicklung Tanganyikas (i. Vorbereitung)

Soziologische Studien

A. V. MOLNOS, Methoden und Ergebnisse der soziologischen Forschung in Ostafrika (im Druck als Heft 5)

H. HARLANDER/A. V. MOLNOS, Die Rolle der Frau in der wirtschaftlichen und sozialen Entwicklung Ostafrikas (i. Vorbereitung)

O. RAUM, Die Anpassungsbereitschaft und -fähigkeit des Afrikaners an die moderne Wirtschaft, untersucht für das Kilombero-Tal/Tanganyika (i. Bearbeitung)

O. NEULOH u. Mitarb., Der Afrikaner als Industriearbeiter in Ostafrika (i. Vorbereitung)

Rechtswissenschaftliche Studien

H. FLIEDNER, Bodenrechtsformen in Kenya in ihren ökonomischen und sozialen Auswirkungen (abgeschlossen)

H. KRAUSS, Die moderne Bodengesetzgebung in Kamerun (in Vorbereitung)

CHR. STUBENRAUCH, Der Stand der Rechtsetzung in Ostafrika (in Vorbereitung)

Regional-Studien verschiedener Art

W. MARQUARDT, Natur, Mensch und Wirtschaft in ihren Wechselbeziehungen am Beispiel Madagaskars (i. Bearbeitung)

R. GÜSTEN, Problems of Economic Development of the Sudan (abgeschlossen)

H.-O. NEUHOFF, Die Rohstoffwirtschaft in der Entwicklungsplanung der Republik Gabun (v. Abschluß)

H. JÜRGENS, Beiträge zur Binnenwanderung und Bevölkerungsentwicklung in Liberia (i. Druck als Heft 4)

H. D. LUDWIG, Ukara — eine wirtschaftsgeographische Entwicklungsstudie (i. Bearbeitung)

K. SCHÄDLER/R. JÄTZOLD, Entwicklungsmöglichkeiten im Ulanga-Distrikt/Tanganyika (i. Vorbereitung)

Bibliographien

D. MEZGER/E. LITTICH, Die neuere englische und amerikanische Wirtschaftsforschung in Ostafrika. Eine ausgewählte Bibliographie (i. Bearbeitung)

A. V. MOLNOS, s. o. unter Soziologische Studien

Inhaltsverzeichnis

Entwicklungsstand und Aufgaben der volkswirtschaftlichen Gesamtrechnung in Tropisch-Afrika

(Eine Übersicht)

Von *R. Güsten*

A. Anwendungsmöglichkeiten der volkswirtschaftlichen Gesamtrechnung

Der erste Nutzen einer volkswirtschaftlichen Gesamtrechnung liegt darin, daß die dafür notwendigen statistischen Erhebungen und die zweckmäßige Anordnung des Materials einen Überblick geben über die Produktivkräfte des Landes, über Umfang, Struktur und Verflechtung der Produktion sowie über charakteristische ökonomische Zusammenhänge, die zumindest für die Vorausberechnung der kurz- und mittelfristigen Wirkungen wirtschaftspolitischer Maßnahmen von Bedeutung sind. In Ländern mit entwickeltem statistischen Unterbau bestehen auch ohne volkswirtschaftliche Gesamtrechnung Vorstellungen über die wichtigsten dieser Daten. In den meisten afrikanischen Ländern aber bedeutet der Aufbau einer Gesamtrechnung gleichzeitig eine erste systematische Erkundung und Bestandsaufnahme der Volkswirtschaft.

Auch für die Vorbereitung von Entwicklungsplänen, gleichviel ob es sich hier um eine umfassende Planwirtschaft oder um Rahmenplanungen handelt, leistet die volkswirtschaftliche Gesamtrechnung wichtige Dienste. Zur Erstellung dieser Pläne sind möglichst umfangreiche, systematisch geordnete und in sich konsistente Informationen über die gegenwärtige Wirtschaftslage und über volkswirtschaftliche Zusammenhänge notwendig. Um die Auswirkungen (und die unerwünschten Nebeneffekte) alternativer Maßnahmen abschätzen zu können, sind Einblicke in das interdependente Gefüge der Volkswirtschaft unerläßlich. So kann man aus der Gesamtrechnung, zumal wenn sie bereits eine Reihe von Jahren umfaßt, Anhaltspunkte über die Abhängigkeit des Konsums vom Volkseinkommen, der Importe von Konsum oder Investition, weiter über Energieverbrauch, Transportleistungen oder

1

Rohstoffeinfuhren in ihrem Verhältnis zur Produktionsentwicklung sowie schließlich über die Entwicklung der Ersparnis gewinnen.

Die Gesamtrechnung stellt aber nur ein Hilfsmittel dar, von dem man nicht zu viel erwarten darf; denn aus der volkswirtschaftlichen Gesamtrechnung können unmittelbar keine funktionalen, sondern lediglich definitorische Zusammenhänge abgelesen werden. Für wirtschaftspolitische Maßnahmen aber sind funktionale Beziehungen entscheidend, auf die man von der volkswirtschaftlichen Gesamtrechnung aus nicht zwingend, sondern nur annäherungsweise schließen kann.

Jene Gesamtrechnungen, die auch eine Inventarisierung der Bestände an Produktionsfaktoren enthalten, leisten natürlich wichtige Dienste bei der Abstimmung der Planziele einzelner Sektoren auf die gesamtwirtschaftlichen Möglichkeiten und bei der Formulierung der Zielvorstellungen auf dem Gebiet der Ausbildung qualifizierter Arbeitskräfte.

Auch für die *Durchführungskontrolle der Entwicklungspläne* bildet die Gesamtrechnung ein nützliches Hilfsmittel. Die laufenden Entwicklungspläne müssen stetig daraufhin überprüft werden, ob die gesteckten Planziele überhaupt und rechtzeitig erreicht wurden oder nicht. Falls der Entwicklungsplan nicht eingehalten werden konnte, wird eine sorgfältige Analyse der Ursachen und gegebenenfalls eine entsprechende Revision des Planes angebracht sein. Da die Planziele letztlich auf bestimmte Wachstumsraten des volkswirtschaftlichen Einkommens, des Konsums und der Realkapitalbildung hinauslaufen, und da diese Größen auch im Rahmen der Gesamtrechnung erhoben werden, bietet eine periodisch durchgeführte Gesamtrechnung die Möglichkeit einer groben Plankontrolle.

Die Vorausschätzung der Wirkungen wirtschaftspolitischer Maßnahmen ist nicht nur für die Regierungen der betreffenden Länder von Bedeutung, sondern in zunehmendem Maße auch für *internationale Organisationen*, die über *Entwicklungshilfe* und *Handelspolitik* auf die Wirtschaften der Entwicklungsländer gezielt einwirken wollen. Zu den Fragestellungen, die sich aus der Tätigkeit dieser Organisationen ergeben, gehören etwa die folgenden:

1. Bestimmung des Sektors einer Volkswirtschaft, in dem Investitionen am dringlichsten erforderlich sind, um die gesteckten Ziele zu erreichen
2. direkte und indirekte Auswirkungen einer Investition auf den betreffenden Sektor sowie auf die restliche Volkswirtschaft
3. Auswirkungen gewisser Maßnahmen zur Preisstabilisierung auf die Wirtschaft der Erzeugerländer (Einnahmen des Staates, Einkommen der Produzenten)
4. Auswirkungen der voraussichtlichen Weltmarktnachfrage nach den Produkten dieser Länder auf die Volkswirtschaft
5. Auswirkungen zoll- und handelspolitischer Maßnahmen
6. Bestimmung der Finanzhilfe, die zur Realisierung der wirtschaftlichen Zielsetzungen notwendig ist.

B. Der Stand der volkswirtschaftlichen Gesamtrechnung in den nicht zum ehemaligen französischen Kolonialreich gehörenden Ländern Tropisch-Afrikas

Von den mehr als 30 Staaten Tropisch-Afrikas sind 15 aus dem französischen Kolonialreich hervorgegangen. Das System der volkswirtschaftlichen Gesamtrechnung ist für diese Länder sehr einheitlich; gleichzeitig weicht das französische System von dem der übrigen Länder Tropisch-Afrikas ziemlich stark ab. Deshalb soll das *französische System* und seine Anwendung in den französisch-sprachigen Ländern gesondert betrachtet werden.

Die übrigen Staaten Tropisch-Afrikas folgen — soweit sie eine volkswirtschaftliche Gesamtrechnung besitzen — dem *UN-System*. Neben der Berechnung des Sozialprodukts nach Entstehungsbereichen, nach der Einkommens- und Verwendungsseite gehören zur Standardform Produktions-, Einkommens- und Kapitalkonten für die drei Hauptsektoren Unternehmen, Haushalte und Staat sowie ein konsolidiertes Konto für Transaktionen mit der übrigen Welt. Die Konten stehen nach Art der doppelten Buchführung zueinander in Beziehung. Systematisch führt die Darstellung von der Bruttoproduktion über das Einkommen zu Konsum, Ersparnis und Investition sowie zu den Änderungen der Forderungen und Verbindlichkeiten der einzelnen Sektoren und der Volkswirtschaft insgesamt.

Wir bringen zunächst eine *Übersicht* (mit Quellenangaben) über die in den verschiedenen Ländern ausgewiesenen Bestandteile einer solchen volkswirtschaftlichen Gesamtrechnung.

1. Tanganyika:

Brutto-Inlandsprodukt zu Marktpreisen von der Verwendungsseite.
Brutto-Inlandsprodukt zu Faktorkosten von der Entstehungsseite.
Brutto-Inlandsinvestitionen, gegliedert nach Investoren, nach industrieller Verwendung und nach Bau- und Ausrüstungsinvestitionen.
Einnahmen und Ausgaben des Staates.
   (Alle Konten seit 1954).

Quelle: Statistical Abstract (jährlich).
Definition und Methoden: The National Income of Tanganyika 1952—54 von A. PEACOCK and D. DOSSER; Colonial Office, Colonial Research Study No. 26, London 1958.

The Gross Domestic Product of Tanganyika 1954—57; East African Statistical Department (Tanganyika Unit), Nairobi.

2. Uganda:

Brutto-Inlandsprodukt zu Faktorkosten von der Einkommensseite.
Brutto-Inlandsprodukt zu Faktorkosten von der Entstehungsseite.

Brutto-Inlandsinvestitionen, gegliedert nach Investoren und nach Bau- und Ausrüstungsinvestitionen.
Einnahmen und Ausgaben des Staates.
(Alle Konten seit 1954).

Quelle: Quarterly Economic and Statistical Bulletin.
Definition und Methoden: The Gross Domestic Product of Uganda 1954—59; East African Statistical Department (Uganda Unit), Nairobi, April 1961.

3. *Kenya:*

Brutto-Inlandsprodukt zu Faktorkosten von der Entstehungsseite.
Brutto-Inlandsinvestitionen, gegliedert nach Investoren und nach Bau- und Ausrüstungsinvestitionen.
Einnahmen und Ausgaben des Staates.
(Alle Konten seit 1954) [1]

Quelle: Domestic Income and Product of Kenya: A Discription of Sources and Methods with Revised Calculations from 1954—1958; East African Statistical Department, Nairobi 1959.

4. *Föderation von Rhodesien und Njassaland* (Ende 1963 aufgelöst):

Brutto-Sozialprodukt zu Marktpreisen von der Verwendungsseite.
Brutto-Inlandsprodukt zu Faktorkosten von der Entstehungsseite.
Netto-Sozialprodukt zu Faktorkosten von der Einkommensseite.
Brutto-Inlandsinvestitionen, gegliedert nach Investoren und nach Bau- und Ausrüstungsinvestitionen.
(Alle Konten in laufenden Preisen und in Preisen von 1954).
Brutto-Inlandsinvestitionen nach Finanzierungsquellen.
Einnahmen und Ausgaben der Haushalte.
Zusammensetzung der privaten Konsumausgaben.
Einnahmen und Ausgaben des Staates.
Transaktionen mit dem Ausland.
(Alle Konten seit 1954) [2]

Quelle: National Accounts of the Federation of Rhodesia and Njassaland; Central African Statistical Office, Salisbury (jährlich).

5. *Sudan:*

Brutto-Inlandsprodukt zu Faktorkosten von der Entstehungsseite.
Brutto-Inlandsprodukt zu Marktpreisen von der Verwendungsseite.
Brutto-Inlandsinvestitionen, gegliedert nach Investoren, nach industrieller Verwendung und nach Bau- und Ausrüstungsinvestitionen.
(Alle Konten seit 1955/56).

Quellen: National Income of Sudan 1955/56 to 1959/60 with preliminary estimates for 1960/61; Department of Statistics, Khartoum.
Definition und Methoden: J. G. KLEVE and G. H. HARVIE: National Income of Sudan 1955/56; Khartoum 1959.

---

[1] Für Britisch-Ostafrika insgesamt werden die Transaktionen mit dem Ausland seit 1954 ausgewiesen.

[2] Außer den grundlegenden Tabellen werden eine Vielzahl von detaillierten Rechnungen veröffentlicht.

Capital Formation and Increase in National Income in Sudan 1955—59;
Khartoum 1961.

6. *Ghana:*

Brutto-Sozialprodukt zu Marktpreisen von der Verwendungsseite.
Brutto-Sozialprodukt zu Faktorkosten von der Einkommensseite.
    (Beide Konten seit 1955; lt. Economic Bulletin for Africa, Juni 1961: seit
1950).
Brutto-Inlandsinvestitionen, gegliedert nach Investoren und nach Bau- und Aus-
rüstungsinvestitionen.
Einnahmen und Ausgaben der privaten Haushalte.
Zusammensetzung der privaten Konsumausgaben.
Einnahmen und Ausgaben des Staates.
    (Alle Konten seit 1955).
Quelle: Economic Survey, Ministry of Finance, Accra.

7. *Nigeria:*

Brutto-Inlandsprodukt zu Faktorkosten von der Entstehungsseite.
Brutto-Sozialprodukt zu Marktpreisen von der Verwendungsseite.
Brutto-Inlandsinvestitionen nach Investoren und nach Bau- und Ausrüstungs-
investitionen.
Zusammensetzung der privaten Konsumausgaben.
    (Alle Konten in laufenden Preisen und in Preisen von 1957).
Einnahmen und Ausgaben des Staates.
Transaktionen mit dem Ausland.
    (Alle Konten von 1951 bis 1957).
Quellen: Federal Office of Statistics: National Income Report for Nigeria.
Definition und Methoden: Für 1950/51 vgl. A. R. PREST and I. G. STEWART:
The National Income of Nigeria 1950/51; Colonial Research Studies No. 2,
London 1953.
Für 1951/52 und 1952/53 vgl. International Bank for Reconstruction and
Development: The Economic Development of Nigeria; John Hopkins Press,
Washington 1955. Dieses Buch enthält auch die Ergebnisse von Stewart und
Prest für 1950/51.
P. N. C. OKIGBO: Nigerian National Accounts 1950—1957; Federal Ministry
of Economic Development, Enugu 1962.

8. *Kongo/Léopoldville:*

Brutto-Sozialprodukt zu Marktpreisen von der Verwendungsseite.
Brutto-Inlandsprodukt zu Faktorkosten von der Entstehungsseite.
Netto-Sozialprodukt zu Faktorkosten von der Einkommensseite.
Brutto-Inlandsinvestitionen nach Investoren.
Brutto-Inlandsinvestitionen nach Finanzierungsquellen.
Einnahmen und Ausgaben des Staates.
Einnahmen und Ausgaben der privaten Haushalte.
Transaktionen mit dem Ausland.
    (Alle Konten von 1953 bis 1959).

Quelle: Bulletin de la Banque Centrale du Congo et du Ruanda-Urundi, Brüssel
(laufend bis 1960).

9. Ruanda-Urundi:

Keine regelmäßigen volkswirtschaftlichen Gesamtrechnungen. Es liegt lediglich eine Input-Output-Tabelle für 1957 vor, aus der das Brutto-Inlandsprodukt und einige andere Aggregate abgeleitet werden können. Diese Studie ist jedoch nicht zugänglich.

10. Äthiopien:

Brutto-Inlandsprodukt zu Faktorkosten von der Entstehungsseite.
Brutto-Sozialprodukt zu Marktpreisen von der Verwendungsseite.
    (Beide Konten lediglich für 1950, 1954 und 1957. Die Ergebnisse für die zwei erstgenannten Jahre sind grobe Schätzungen).
Quelle: Ethiopian Observer, Vol. III, No. 4, Addis Abeba.

11. Moçambique, Angola, Sierra Leone, Liberia, Somaliland:

Keine volkswirtschaftlichen Gesamtrechnungen [1].

Aus dieser Übersicht ergibt sich, daß nur für *Rhodesien* und den ehemals *belgischen Kongo* (bis 1959) gute volkswirtschaftliche Gesamtrechnungen existieren, während die anderen Länder bisher nur Teilstücke und Ansätze aufweisen. Das Economic Bulletin for Africa bemerkt zu den existierenden Gesamtrechnungen: „Die Tatsache, daß für gewisse Länder eine große Zahl von Tabellen veröffentlicht wird, bedeutet nicht unbedingt, daß deren Gesamtrechnungen die fortgeschrittensten sind [2]." Vor allem über die Zuverlässigkeit der Angaben muß man sich von Fall zu Fall unterrichten, soweit die Autoren nicht selbst auf die Fehlerbereiche in allgemeiner Form oder durch detaillierte Angaben hinweisen [3].

Aus der Übersicht läßt sich weiter entnehmen, daß das Brutto-Inlandsprodukt weitaus häufiger ausgewiesen wird als das Brutto-Sozialprodukt, woraus zu schließen ist, daß dieses Aggregat leichter zu erstellen ist [4]. Bei der Berechnung des Inlandsproduktes wiederum wird die Output-Methode, also die Berechnung nach Entstehungsbereichen, am häufigsten angewandt, gefolgt von der Berechnung von der Ausgabenseite her; relativ wenig findet sich die Berechnung von der Einkommensseite her [5].

---

[1] Für Moçambique liegt lediglich eine Untersuchung der Einnahmen und Ausgaben des Staates vor.

[2] Economic Bulletin for Africa, Juni 1961, S. 33.

[3] Vgl. etwa C. H. HARVIE and J. G. KLEVE: National Income of Sudan 1955 bis 1956, Khartoum 1959, S. 104 f., wo im Anhang die Produktionsdaten in 5 Genauigkeitsbereiche mit zunehmender Fehlergrenze (von 2,5 % bis 40 %!) eingeteilt sind.

[4] Im UN- und OEEC-System werden beide Größen ausgewiesen, doch wird dann — etwa bei der Verwendungsseite — vom Nationalkonzept ausgegangen.

[5] Die Gesamtrechnungen von Tanganyika, Uganda, Kenya, Rhodesien, Kongo, Ghana, Nigeria und Sudan werden im UN-Yearbook of National Accounts Statistics veröffentlicht.

C. Der Stand der volkswirtschaftlichen Gesamtrechnungen in den ehemals französischen Ländern Tropisch-Afrikas

I. Das französische Gesamtrechnungssystem [1]

Während das UN-System, dem ja das OEEC-System und das in der Bundesrepublik zugrunde liegende System weitgehend entsprechen, hier keiner weiteren Beschreibung bedarf, da es in dem nachfolgenden Beitrag ausführlich dargestellt wird, müssen bei der französischen Gesamtrechnungsmethode zumindest die wichtigsten Grundzüge herausgestellt werden. Vorausgeschickt sei aber, daß es sich im wesentlichen nur um eine andere Anordnung und Einteilung des statistischen Materials handelt — entsprechend der etwas anders gerichteten Fragestellung der französischen Gesamtrechnungen; das französische System ist denn auch in das UN-System überführbar und umgekehrt. Schwierigkeiten, die dabei auftreten, sind weniger methodischer Art als durch unterschiedliche Definition und Abgrenzung einzelner Kategorien bedingt [2].

Drei Merkmale des französischen Gesamtrechnungssystems fallen sofort ins Auge:

1. Das Nebeneinander von Bestandsaufnahmen der menschlichen und materiellen Ressourcen einerseits (inventaire économique) und eigentlicher Gesamtrechnung andererseits (comptes économiques)

2. Die zentrale Stellung der sog. Produktbilanzen (comptes de ressources et emplois)

3. Der Nachdruck, der auf die genaue Spezifizierung der wirtschaftlichen Vorgänge gelegt wird.

Ziel der französischen Gesamtrechnung ist es,

a) möglichst alle wirtschaftlich relevanten Vorgänge eines bestimmten Zeitabschnittes in einem Kontensystem festzuhalten

b) dieses Kontensystem zu den in einem gewissen Zeitpunkt vorhandenen menschlichen und materiellen Ressourcen in Beziehung zu setzen.

Den ersten Teil der nach dem französischen System aufgebauten Gesamtrechnungen bilden deshalb ausführliche Darstellungen der erwerbsfähigen Bevölkerung (gegliedert nach Alter, Geschlecht, Berufsgruppen, Ausbildung, Verteilung auf Stadt und Land etc.) sowie eine Bestandsaufnahme der „capitaux réels" (Produktionsanlagen und Infrastrukturen).

---

[1] In diesem Abschnitt stützen wir uns überwiegend auf P. ADY and M. COURCIER: Systems of National Accounts in Africa, Paris 1960 sowie auf den einleitenden Abschnitt der Comptes Economiques Togo 1956—58; Banque Centrale des États de l'Afrique de l'Ouest, Études Economiques Ouest Africaines, No. 3 (Verfasser: G. LE HÉGARAT).

[2] Vgl. ADY and COURCIER, op. cit., besonders S. 52 ff.

Schema einer Produktbilanz (compte de ressources et emplois)

Produkt-gruppe[1]	Herkunft					Verwendung				
	Einfuhr	Produktion		Handels-spanne	Zwischen-verbrauch der Unternehmen	Konsum		Investition		Ausfuhr
		Subsistenz	Markt-produktion			Privat	Staat	Privat	Staat	
	1	2		3	4	5		6		7
0										
1										
2										
3										
4										
5										
6										
7										
8										
9										
Insgesamt										

[1] Gliederung der Produktgruppen vgl. im Text S. 9.

Das französische System kennt ebenfalls die Sektorenkonten für Unternehmen, Haushalte, Staat und Ausland sowie die Einteilung in Produktions-, Einkommens- und Kapitalkonten; doch liegt das Schwergewicht hier nicht so sehr bei den Sektoren, sondern bei der Darstellung der Herkunft und Verwendung der einzelnen Güter und Dienste: Die *Produktbilanzen (comptes de ressources et emplois)* sind deshalb die Basis der französischen Gesamtrechnung.

Für die zehn Klassen der französischen Gliederung der Güter und Dienstleistungen

0 Pflanzliche und tierische Produkte

1 Nahrungsmittelindustrie

2 Energie

3 Rohstoffe und Halbwaren

4 Mechanische und Elektroindustrie

5 Textil- und Lederwaren

6 Produkte verschiedener Industrien

7 Bau und öffentliche Arbeiten

8 Dienstleistungen

9 Löhne und Gehälter

werden Bilanzen aufgestellt und zu einer gesamtwirtschaftlichen Bilanz zusammengefaßt (vgl. das nebenstehende Schema einer Produktbilanz) [1].

Neben dieser volkswirtschaftlichen Bilanz nach Herkunft und Verwendung der Güter und Dienstleistungen bildet das *Tableau Economique* das zweite Hauptstück der französischen Gesamtrechnung. In dem Tableau werden für die verschiedenen Sektoren nicht nur Produktions-, Einkommens- und Kapitalkonten geführt, sondern alle Vorgänge in drei Hauptkategorien eingeteilt, je nachdem ob sie

1. Güter und Dienstleistungen (die genannten 10 Gruppen)

2. Transfers (9 Gruppen) [2]

3. Änderungen der Forderungen und Verbindlichkeiten

betreffen. Das Tableau erhält dann die im folgenden Schema dargestellte Form.

---

[1] Daß Löhne und Gehälter neben der Produktion von Gütern und Dienstleistungen als 9. Konto noch einmal extra ausgewiesen werden, scheint eine Doppelzählung zu bedeuten, da ja in dem Wert der Güter und Dienstleistungen der Konten 1 bis 8 bereits die Arbeitsleistungen enthalten sind. Eine Doppelzählung ergibt sich aber nur für den Brutto-Produktionswert, in dem ja neben dieser noch andere Doppelzählungen (Zwischenverbrauch) enthalten sind. Bei der Errechnung des Sozialprodukts (Konsum + Investition + Export − Import) aber werden die Löhne und Gehälter aus der Produktion von Gütern und Dienstleistungen auf der Verwendungsseite als Zwischenverbrauch der Unternehmer ausgewiesen. Nur jene Löhne und Gehälter, die nicht in der Produktion von Gütern und Dienstleistungen erfaßt wurden, werden auf der Verwendungsseite unter Konsum ausgewiesen; es handelt sich hier vor allem um Beamtengehälter und Dienstbotenentlohnung.

[2] Verschiedene Steuern, Subventionen, Sozialversicherung, Zinsen und Dividenden, andere Transferzahlungen.

Schema des „tableau économique"

| | | Debet der Transaktionskonten | | | | Debet der Sektorenkonten | | | | | | | | | | |
| | | Güter u. Dienste Kl. 0—9 | Lagerhaltung | Transfers Kl. 1—9 | Vermögensänderg. | Produktionskonten | | | Einkommenskonten | | | Kapitalkonten | | | Ausland | Insgesamt |
						Landw. schaft	Industrie	...	Unternehmen	Haushalte	Staat	Unternehmen	Haushalte	Staat		
Credet der Transaktionskonten	Güter und Dienste Kl. 0—9															
	Lagerhaltung															
	Transfers Kl. 1—9															
	Vermögensänderungen															
Credet der Sektorkonten	Produktionskonto: Landwirtschaft															
	Industrie															
	Transport															
	Bau															
	Dienste															
	Staat															
	...															
	Eink.-K.: Unternehmen															
	Haushalte															
	Staat															
	Kapitalk.: Unternehmen															
	Haushalte															
	Staat															
	Ausland															
	Insgesamt															

Das linke obere Quadrat bleibt immer leer, da grundsätzlich alle Buchungen jeweils ein Transaktionskonto (compte d'opérations) und ein Sektorenkonto (compte d'agents) betreffen [1]. Die durch eine Transaktion zwischen zwei Sektoren bestehende Beziehung wird dabei — im Gegensatz zum UN-System, das diese Information hervorzuheben trachtet — nicht sichtbar; die Beziehung stellt sich in gebrochener Form dar:

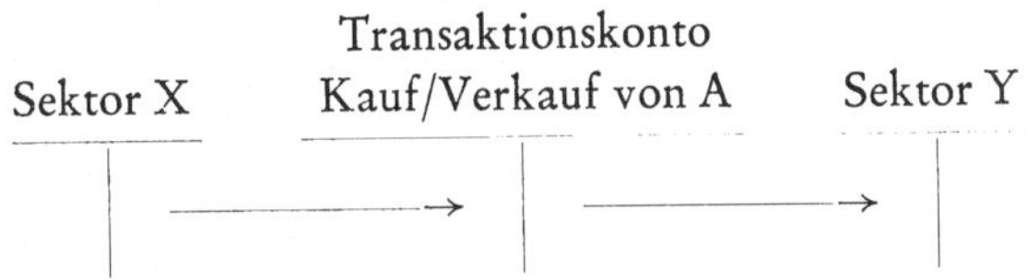

Die Produktbilanzen lassen sich dagegen aus den ersten Zeilen und Spalten des Tableau Economique leicht herauslesen. Um die Einkommensbildung und -verwendung sowie die Ersparnis und Investition zu studieren, muß man die Spalten und Zeilen der Einkommens- und Kapitalkonten der Hauptsektoren verfolgen: Die Debet- und Credet-Seite der Konten stehen in einem Winkel von 90° zueinander. Die Diagonale von links oben ist die Achse des Systems.

Während das UN-System sich hauptsächlich für die letzte Bestimmung der Güterströme interessiert und deshalb das Sozialprodukt (zu Marktpreisen oder zu Faktorkosten) in den Mittelpunkt stellt, erscheinen diese Aggregate im französischen System, das ja grundsätzlich alle Transaktionen festzuhalten bestrebt ist, nicht explizit. Das Brutto-Inlandsprodukt zu Marktpreisen läßt sich jedoch aus der aggregierten Produktbilanz — die den Brutto-Produktionswert wiedergibt — leicht ermitteln: BIP = Spalte 5 + 6 + 7 − 1 oder Spalte 2 + 3 − 4. Im Tableau Economique ergibt sich diese Größe aus der Summe der positiven Eintragungen in jedem Bereich des rechten unteren Quadrates, in dem sich die Debet-Seite des Produktionskontos mit der Credet-Seite des Einkommenskontos überschneidet [2].

---

[1] Das Quadrat rechts unten enthält nur formale Buchungen, denen keine realen Übertragungen entsprechen, etwa Überweisungen von Einkommen vom Unternehmen an den zugehörigen Haushalt oder Umbuchung der Ersparnis vom Einkommenskonto auf das Kapitalkonto.

[2] Für eine ausführlichere Darstellung des französischen Systems sei auf die zwei obengenannten Werke sowie auf M. COURCIER: Manuel de comptabilité économique adapté aux pays tropicaux, Paris 1957, verwiesen. Die zweite, überarbeitete Auflage erschien (unter Mitwirkung von G. LE HÉGARAT) 1963 als Bd. 3 der Reihe "Planification en Afrique" des französischen Ministère de la Coopération: „Manuel de Comptabilité Nationale pour Economies en Voie de Développement".
N. B. frz. compte d'opérations = engl. transactions account; engl operating account = frz. compte d'exploitation.

II. Der Stand der volkswirtschaftlichen Gesamtrechnungen in den ehemals französischen Kolonialgebieten Tropisch-Afrikas

Im Bereich der französischen Kolonien wurden in der Zeit von 1950 bis 1956 nur einzelne Gesamtrechnungsstudien durchgeführt, die sich sowohl in der Methode wie im Grad der Genauigkeit und der Detaillierung sehr unterschieden. In den Jahren 1957 und 1958 wurden in allen Ländern des französischen Kolonialbereichs volkswirtschaftliche Gesamtrechnungen für das Jahr 1956 nach einheitlichen methodischen Grundsätzen aufgestellt. Diese Studien bestanden durchweg aus drei Teilen: aus Produktbilanzen, einem Tableau Economique und Untersuchungen einzelner Sektoren (Einnahmen und Ausgaben des Staates sowie Transaktionen mit dem Ausland). Grundlegend für die Methode und die Klassifizierung der Branchen und Güterarten war M. COURCIER: Manuel de comptabilité économique, Paris 1957. Diese Gesamtrechnungen wurden veröffentlicht in „*Outre-Mer 1958*", S. 603—688, einem im Jahre 1960 vom Service de la Statistique d'Outre-Mer zusammengestellten Handbuch. Neben den wichtigsten früheren Studien (Kamerun 1951, AOF 1951, Mauretanien 1952, Madagaskar 1953, Elfenbeinküste 1953, Entwicklung des Sozialprodukts von Französisch-Westafrika 1947—1956) sind darin die ersten Auswertungsergebnisse der Gesamtrechnungen des Jahres 1956 für Französisch-West- und Äquatorialafrika (AOF, AEF), für Madagaskar und Kamerun enthalten. In einem Anhang werden die wichtigsten Aggregate für AOF und AEF nach Territorien (den heutigen Staaten) aufgespalten. Eine ausführliche Darstellung der Gesamtrechnungen für AOF wurde von G. LE HÉGARAT im Jahre 1960 in sechs Bänden herausgegeben [1].

Nachdem die methodischen Grundlagen erarbeitet waren, wurden für spätere Jahre unter Leitung des *Institut National de la Statistique et des Etudes Economiques (INSEE)* weitere Studien in Angriff genommen, die jetzt — nachdem die ehemaligen Territorien von AOF und AEF die Unabhängigkeit erlangt haben — einzeln veröffentlicht werden. Die Übersicht auf Seite 13 zeigt, welche Gesamtrechnungen gegenwärtig vorhanden sind. Die Tab. auf Seite 13 gibt einen Überblick über die erstellten „inventaires économiques" [2].

---

[1] Die sechs Bände enthalten, lt. Outre-Mer 1958, folgende Abschnitte: Vol. I: Rapport de synthèse. Vol. II: Inventaire des ressources humaines en 1956. Vol. III: Comptes de produits; tableaux de ressources et emplois. Vol. IV: Marges de commercialisation. Vol. V: Comptes de secteurs. Vol. VI: Echanges interterritoriaux. Guinea gehört seit dem Austritt aus der Communauté nicht mehr zum Arbeitsbereich der französischen Statistik. Die Zahlen für 1956 sind jedoch in „Outre-Mer 1958" in einem gesonderten Anhang wiedergegeben. Dieses ist die einzige Gesamtrechnung, die für Guinea verfügbar ist.

[2] Die Übersichten wurden von der Europäischen Wirtschaftsgemeinschaft, Generaldirektion Assoziierte Überseeländer und Hoheitsgebiete, im Jahre 1961 zusammengestellt und nach den uns zugänglichen Informationen zeitlich fortgeführt.

Tabelle 1. *Vergleichende Tabelle der in den assoziierten afrikanischen Ländern erstellten volkswirtschaftlichen Gesamtrechnungen* [1]

Länder	1956	1957	1958	1959	1960	1961	1962
Senegal	+					+	+
Mauretanien	+					+	
Mali	+						
Elfenbeinküste	+						
Obervolta	+						
Dahomey	+						
Niger	+				+		
Gabun	+				+		
Kongo/Brazzav.	+		+				
Zentralafrikanische Republik	+						
Tschad	+		+				
Madagaskar	+			+	+		
Kamerun	+	+		+			
Togo	+	+	+				

Tabelle 2. *Vergleichende Tabelle der in den assoziierten afrikanischen Ländern erstellten „inventaires économiques"* [2]

Land	1956	1957	1958	1959	1960	1961
Senegal	+				+	
Mauretanien	+					
Mali	+				+	
Elfenbeinküste	+		+			
Obervolta	+				+	
Dahomey	+					+
Niger	+				+	
Gabun	+				+	
Kongo/Brazzav.	+				+	
Zentralafrikanische Republik	+			+		
Tschad	+					
Madagaskar	+					
Kamerun	+				+3)	
Togo	+				+	

---

[1] Aufgenommen wurden alle Gesamtrechnungen, die uns bis März 1964 bekannt geworden sind. Erhältlich sind die einzelnen Publikationen über die statistischen Ämter der einzelnen Länder, einige der früheren Gesamtrechnungen (1956 und 1957) auch über den Service Statistique Chargé des Relations et de la Coopération avec les États d'Outre-Mer (INSEE) in Paris.

[2] Diese beziehen sich immer nur auf die Bevölkerung bzw. die Arbeitskräfte. Für den Realkapitalbestand wurden noch keine vergleichbaren Bestandsaufnahmen veröffentlicht, wenngleich einige Angaben manchmal in den „comptes économiques" enthalten sind.

[3] Nur für Nordkamerun.

D. Bestrebungen zur Vereinheitlichung der volkswirtschaftlichen Gesamtrechnung in Tropisch-Afrika

Die Existenz von zwei verschiedenen Systemen der volkswirtschaftlichen Gesamtrechnung in Afrika wird von den meisten Ländern — und vor allem von den supranationalen Organisationen, die oft vergleichende Untersuchungen durchzuführen haben — als unbefriedigend empfunden. Die Bemühungen um eine Vereinheitlichung konzentrieren sich in zwei Organisationen — der *Economic Commission for Africa (ECA)* in Addis Abeba und der *Europäischen Wirtschaftsgemeinschaft (EWG)* in Brüssel. Sie betreffen zwei Hauptfragen: die Vereinheitlichung des Gesamtsystems sowie die Ausarbeitung einer einheitlichen Klassifizierung der Sektoren und Produktgruppen, die zugleich den besonderen Bedürfnissen der afrikanischen Staaten angepaßt ist.

I. Die Vereinheitlichung des Systems der volkswirtschaftlichen Gesamtrechnung

Sowohl das UN-System wie das französische System haben ihre besonderen *Vorzüge*, die möglichst erhalten werden sollen:

— Das UN-System hat zunächst den Vorteil, daß es außerhalb des französischen Bereichs in der gesamten westlichen Welt angewandt wird.

— Außerdem werden die Beziehungen zwischen den einzelnen Konten und Sektoren besser herausgestellt.

— Schließlich werden die meisten Informationen, die das französische System durch die Transaktionskonten vermittelt, im vollständig entwickelten UN-System in Form von Zusatztabellen zur Darstellung gebracht.

Andererseits ist das französische System auf die Möglichkeiten und Bedürfnisse der Entwicklungsländer besonders gut zugeschnitten [1]:

— Erstens kann mit Hilfe der Produktbilanzen auch in Abwesenheit eines voll ausgebildeten Systems der Gesamtrechnungen ein Eindruck von der Struktur und Situation einer Volkswirtschaft gewonnen werden.

— Zweitens ergeben sich durch die Gegenüberstellung von Herkunft und Verwendung der einzelnen Güterkategorien — bei unabhängiger Schätzung oder Berechnung beider Seiten — schon in einem relativ frühen Stadium Möglichkeiten der gegenseitigen Kontrolle der Ergebnisse.

— Drittens ist dieses System der Produktbilanzen — in Verbindung mit den „inventaires économiques" — für Planungszwecke äußerst nützlich, zumal wenn die Planungsmethoden noch relativ einfach sind [2].

---

[1] Vgl. Economic Bulletin for Africa, Juni 1961, S. 38.

[2] Bis vor wenigen Jahren beruhte ja auch die sowjetische Planung weitgehend auf dieser „Bilanzmethode". Nachdem die sowjetische Wirtschaft zu komplex geworden ist, wendet man sich seit einigen Jahren den zunächst geächteten Methoden der Input-Output-Analyse und den modernen Programmierungsmethoden zu.

Das Tableau Economique nimmt im französischen System die Stellung der *Input-Output-Tabelle* ein, die in den Ländern, die dem UN-System folgen, die Darstellung des Sozialprodukts und seiner Verwendung meistens ergänzt [1]. Von französischer Seite wird mit Recht geltend gemacht, daß eine Input-Output-Tabelle, so nützlich diese für entwickelte Volkswirtschaften ist, in afrikanischen Ländern vorläufig wenig nützt, da die Verflechtung der einzelnen Sektoren noch sehr gering ist und viele Felder einer solchen Tabelle leer bleiben oder mit unbedeutenden Zahlenwerten gefüllt werden müßten [2]. Dieser Ansicht schließt sich auch die ECA-Arbeitsgruppe für die Anwendung volkswirtschaftlicher Gesamtrechnungen in Afrika an: „Considering ... that in most African countries the economy is basically agricultural and the industrial sector in its infancy, it is doubtful whether the coefficients of expansion and technical coefficients derived from input-output study would play an important role in ... planning for some time to come, except in some of the most advanced economies. National accounts would need to be supplemented by special industrial studies designed to replace the input-output analysis appropriate to more advanced economies [3].“

Die Arbeitsgruppe der ECA hebt zunächst den von ADY und COURCIER nachgewiesenen Tatbestand der grundsätzlichen Vergleichbarkeit beider Systeme hervor [4]. Davon ausgehend, will die ECA ein Handbuch der volkswirtschaftlichen Gesamtrechnungen in Afrika herausbringen, in dem die verfügbaren Statistiken in einheitlicher und vergleichbarer Form präsentiert werden sollen, ergänzt durch detaillierte Beschreibungen der Quellen,

---

[1] In Tropisch-Afrika wurden bisher nur einzelne Versuche unternommen, z. B. in Tanganyika (PEACOCK and DOSSER), Ruanda-Urundi, Sudan (HARVIE and KLEVE), neuerdings auch in der Elfenbeinküste.

[2] „Ce mode de présentation (i.e. le tableau économique) a évidemment l'inconvénient de cacher les relations directs entre agents; dans un travail ultérieur plus approfondi, rien n'empêchera de compléter le tableau économique (Agents$\times$Opérations) par un tableau d'échanges interindustriels (Agents$\times$Agents). Mais, dans les prochaines années, le développement économique du pays, et plus particulièrement l'ampleur des transactions monétaires, ne limiteront-ils pas le nombre des cases du tableau d'échanges interindustriels devant être remplies? Les liaisons importantes ne demeureront-elles pas, pour le moment, les liaisons „Extérieur$\times$Agents Intérieurs"? Comptes Economiques Togo; Banque Centrale des États de l'Afrique de l'Ouest, Paris 1961.

[3] Economic Bulletin for Africa, Addis-Abeba, Juni 1961, S. 49.

[4] Aus den Gesamtrechnungen für AOF (1956) haben ADY und COURCIER die folgenden Aggregate herausziehen können: Brutto-Inlandsprodukt nach Entstehungsbereichen, zu Faktorkosten und zu Marktpreisen; Volkseinkommen von der Einkommens- und von der Verwendungsseite; Einnahmen und Ausgaben des Staates; Einkommenskonto der Unternehmen; Konsolidiertes Kapitalkonto: Brutto-Investitionen nach Käufergruppen, nach industrieller Verwendung und nach Art der Investitionsgüter sowie nach Finanzierungsquellen; Auslandskonto. Vgl. ADY and COURCIER, op. cit., S. 174 ff.

Begriffe und Schätzungsmethoden. Ebenso wie dieses Handbuch das allgemeine UN-Yearbook of National Account Statistics ergänzen würde, soll dem UN-Handbuch Methods of National Accounts eine spezielle Anleitung zum Aufbau von Gesamtrechnungen in Afrika zur Seite gestellt werden, um den afrikanischen Statistikern als Wegweiser zu dienen [1].

Solange ein vollständiges System von Gesamtrechnungen noch nicht besteht, empfiehlt die ECA möglichst folgendes *Mindestprogramm* zu verwirklichen:

Einnahmen und Ausgaben des Staates
Produktions- und Einkommenskonten der staatlichen Unternehmen, der öffentlichen Körperschaften und der privaten Unternehmen
Auslandskonto
Ausgabenseite des Kapitalkontos (d. h. Brutto-Investitionen) [2].

Die Europäische Wirtschaftsgemeinschaft hat sich im Rahmen ihrer Aktivität *(Entwicklungsfonds)* ebenfalls mit dem Problem der Vergleichbarkeit und Vereinheitlichung der Gesamtrechnungen auseinanderzusetzen: der ehemals belgische Kongo folgt dem UN-System, die übrigen Länder dem französischen System. Die Überlegungen hinsichtlich einer möglichen *Vereinheitlichung* stehen hier im Zusammenhang mit Bestrebungen, die allgemeine Klassifikation und Gliederung den Bedürfnissen der Entwicklungsländer anzupassen (vgl. hierzu den folgenden Abschnitt b) [3].

Obwohl die Überlegungen und Expertenkonferenzen in Brüssel noch zu keinen Beschlüssen geführt haben, besteht die *Tendenz*, in der Hauptsache an dem *OEEC-System* (bzw. an einer vereinfachten Version des vom Statistischen Amt der Europäischen Gemeinschaften für die EWG-Staaten vorgeschlagenen Systems) festzuhalten. Erwogen wird ein System von neun Konten:

Produktions- Einkommens- Kapital-	} Konto der Unternehmen	
Einkommens- Kapital-	} Konto jeweils für	{ Haushalte Staat Ausland

---

[1] Economic Bulletin for Africa, Juni 1961, S. 49.

[2] Op. cit., S. 45.

[3] Vgl. die Diskussionsentwürfe der EWG, Generaldirektion VII (Développement de l'Outre-Mer): „Etablissement d'un modèle de programmation économique applicable aux pays africains en voie de développement"; „Problèmes particuliers d'une comptabilité nationale applicable à la programmation économique et sociale d'un pays africain en voie de développement".

Die Information, die in den französischen Produktbilanzen enthalten ist, soll dann in Form einer umfassenderen Matrix in Input-Output-Tabellen zur Geltung kommen, indem die Rubrik „Zwischenverbrauch" (oder „produktiver Verbrauch") der Unternehmen (Spalte 4 des Schemas auf Seite 9) ausgegliedert und auch horizontal nach Produktionsbranchen aufgespalten wird. So kommt z. B. ANDRÉ CHADEAU [1] zu seinem Vorschlag einer *Kombination von Produktbilanzen* (Herkunft und Verwendung) und Input-Output-Tabelle (vgl. S. 18).

Von der üblichen Darstellung unterscheidet sich diese nur dadurch, daß neben den Verwendungszwecken nicht nur die Einfuhr, sondern auch die gesamte Brutto-Produktion (= Summe der Ressourcen) aufgeführt wird. In den üblichen Input-Output-Tabellen wird die Einfuhr als *Zeile* unter der Wertschöpfung ausgewiesen [2].

Zusammenfassend kann gesagt werden, daß das Bemühen um eine einheitliche Form der Gesamtrechnung nicht zur allgemeinen Adoption des einen Systems und zur Aufgabe des anderen führen wird. Vielmehr soll nur *Übereinstimmung über die Grundprinzipien* erreicht werden und die Ausgestaltung im einzelnen den verschiedenen Ländern überlassen bleiben. Insbesondere der Aggregationsgrad der einzelnen Gesamtrechnungen soll dem Entwicklungsstand der einzelnen Volkswirtschaften und der Kapazität der Statistischen Ämter angepaßt werden [3]. Die Ausarbeitung der gemeinsamen Grundprinzipien der Gesamtrechnung liegt bei einer Expertengruppe der

---

[1] Cadre de Comptabilité Economique proposé au Ministre des Finances ... de la Côte d'Ivoire, Annexe III des „Compte Rendu" der Expertengruppe, die am 19. und 20. 9. 1961 in Brüssel beriet.

[2] Auf einer etwas anderen Ebene liegt das komprimierte Schema, das von H. LEROUX und J. P. ALLIER vorgeschlagen wird. (Comptes Economiques, Présentation Normalisée, Bd. 4 der Schriftenreihe des Ministère de la Coopération „Planification en Afrique", Paris 1963.) Hier wird auf das vom französischen Service des Études Economiques et Financières benutzte komprimierte Darstellungsschema zurückgegriffen, das auf die Matrixform verzichtet. Da die Comptes Economiques der frankophonen Staaten in einigen Fällen schon recht detailliert sind, in anderen Fällen aber erst in den Anfängen stehen, empfiehlt es sich, besonders bei internationalen Vergleichen, auf diese gedrängte Form der Darstellung zurückzugreifen, die sich nach dem in den wenigst entwickelten Gesamtrechnungen enthaltenen Material ausrichtet. Das Schema ist jedoch nicht wie die oben erwähnten Modelle aus dem Versuch einer Synthese verschiedener Systeme hervorgegangen.

[3] "The Working Group recognized the wide diversity of countries in Africa, both with regard to their economic and social structures ... It considered, therefore, that the nature of national accounts, their completeness and reliability, and the uses wo which they can be put must vary according to both the stage of statistical development and the stage of economic development reached. No single system of accounts is likely to meet the needs of all countries through all stages of development." Report of the Working Group on the Uses of National Accounting in Africa, ECA, Addis Abeba 1961 (E/CN.14/84).

Vorschlag für ein erweitertes „tableau économique" (A. CHADEAU)

	Verwendung												Herkunft				
	Zwischenverbrauch					Endverbrauch							Produktion		Han-dels-spanne	Ein-fuhr	Ins-gesamt
						Konsum		Investition		Aus-fuhr	Ins-gesamt						
	Landw.schaft	Indu-strie	Bau-wesen	...	Ins-gesamt	Privat	Staat	Privat	Staat				Subsist.	Markt			
Landwirtschaft .																	
Industrie . . .																	
Bauwesen . . .																	
Transport . . .																	
Banken																	
Dienstleistung .																	
Staat																	
. . . .																	
Insgesamt . . .																	
Löhne und Gehälter . . .																	
Ind. Steuern, Subventionen .																	
Brutto-Gewinne																	
Wertschöpfung insgesamt . . .																	
Brutto-Produk-tionswert . . .																	

ECA, die den Empfehlungen der ersten Arbeitsgruppe folgt [1]. Folgerichtig verschiebt sich der Schwerpunkt der Bemühungen jetzt auf die *Vereinheitlichung der Abgrenzungen und Schätzungsmethoden;* denn die Überführung ist korrekt nur durchzuführen, wenn die Begriffe einheitlich verwendet werden, oder wenn zumindest über die Beziehung der verschiedenen Klassifizierungen zueinander Klarheit besteht.

II. Die Vereinheitlichung der Klassifizierung und der Begriffsabgrenzung [2]

Bei der Klassifizierung und Abgrenzung der Begriffe der volkswirtschaftlichen Gesamtrechnungen handelt es sich im Grunde um zwei Probleme: Erstens sind die Voraussetzungen für die praktische Durchführung von Vergleichen zwischen verschiedenen Systemen zu schaffen; zweitens wird in zunehmendem Maße die Notwendigkeit empfunden, die international anerkannten Klassifizierungen der besonderen Struktur der Entwicklungsländer entsprechend zu modifizieren.

Die *wichtigsten Unterschiede* in der Art und Abgrenzung der verwendeten Begriffe betreffen:

1. Sozialprodukt und Inlandsprodukt

Die französisch-sprachigen Länder und die drei ostafrikanischen Länder — diese mangels anderer Unterlagen — legen das Brutto-Inlandsprodukt zugrunde, die anderen Länder das Brutto-Sozialprodukt.

2. Definition der Sektoren

Im französischen System gehören z. B. die gemeinnützigen Gesellschaften zum staatlichen Sektor und nicht — wie im UN-System — zu den privaten Haushalten.

3. Zuordnung der Einkommensströme

Im französischen System gehören z. B. die Gewinneinkommen Zinsen und Dividenden zu den Transfers.

---

[1] "The Group took the view, indeed, that it was premature to legislate for a comprehensive system of national accounts for Africa into which the accounts of every individual country could be fitted. What was essential was that the principle of disaggregation of production should be accepted and that it should be applied flexibly by individual Statistical Offices, but in accordance with certain broad principles appropriate to the experience already gained in Africa." Report of the Working Group of the Adaptation of the United Nations System of National Accounts for Use in Africa, ECA, Addis Abeba 1963 (E/CN.14/221), S. 4.

[2] Vgl. „Structure d'une matrice applicable aux pays africains en voie de développement et problèmes connexes." Document de Travail No. 3 der genannten Expertentagung der EWG sowie „Sousclassification du Secteur Agriculture, Elevage, Sylviculture et Pêche dans la comptabilité nationale applicable aux pays africains"... etc. Document de Travail No. 2.

4. Untergliederung des Unternehmenssektors

Während das UN-System die Unternehmen und auch Unternehmensteile (Betriebe) gleicher Produktion zusammenfaßt, spaltet das französische System die Unternehmenseinheit nicht auf, sondern klassifiziert sie nach dem Produktionsschwerpunkt und bringt die heterogene Produktion durch Zuordnung zu den verschiedenen Güterklassen (0—9) im Transaktionskonto des tableau économique zum Ausdruck (vgl. Schema S. 10).

5. Gliederung und Untergliederung der Güter- und Dienstleistungen

Hier handelt es sich nicht nur um die Vergleichbarkeit des französischen und des UN-Systems, sondern um die Auswahl aus einer größeren Zahl von angewandten oder vorgeschlagenen Klassifizierungen, von denen die wichtigsten hier aufgezählt sind [1]:

1. *UN-Klassifizierungen:*

   a) Classification par Branches d'activité du Système de Comptabilité Nationale (A)
      α) 11 Klassen
      β) 51 Klassen

   b) Classification Internationale Type, par Industrie, de toutes les branches d'activité économique (CITI)

   c) Classification Type pour le Commerce International (CTCI)

2. *OEEC-Klassifizierungen:*

   a) Classification des Activités Economiques du Système Normalisé de Comptabilité Nationale (B)
      α) 12 Klassen
      β) 31 Klassen

3. *Klassifizierungen des Statistischen Amtes der Europäischen Gemeinschaften:*

   a) Classification Statistique et Tarifaire pour le Commerce International (CST),
      10 Sektionen, 1312 Positionen (C)

   b) Regroupement par Categories Economiques,
      22 Klassen (D)

4. *Offizielle französische Klassifikationen:*

   a) Nomenclature reduite des Secteurs, Service des Etudes Economiques et Financières, Ministère des Finances (SEEF),
      37 Klassen (E)

---

[1] Die Hinweise beziehen sich auf den Anhang, wo Literatur angegeben ist über die Beziehung der einzelnen Klassifizierungen zueinander (vgl. S. 69).

b) Nomenclature Détaillée des Secteurs (SEEF), 112 Klassen

c) Nomenclature SEEF en 65 Postes

d) Nomenclature SEEF des Produits et Services en 195 Postes (F)

e) Nomenclature des Activités Collectives (INSEE) (G)

f) Nomenclature Interadministrative (INSEE, SEEF und andere) (H)

5. *Inoffizielle französische Klassifikationen:*

a) Categories de Produits (Bien et Services) Outre-Mer 1958,
   9 Klassen

b) Nomenclature des Secteurs d'Entreprises (Courcier),
   24 Klassen (J)

c) Nomenclature des Biens et Services (Banque Centrale des Etats de l'Afrique de l'Ouest),
   62 Klassen (K)

6. *Sonstige Klassifizierungen:*

a) Nomenclature Douanière de Bruxelles (NDB),
   132 Positionen

b) Classification du tableau des Pays Membres de l'OEEC (Kirschen),
   27 Klassen (L)

c) Minimum System of National Accounts for African Countries (Billington, Vorschlag an ECA),
   13 Klassen (M)

Im Mittelpunkt aller Systeme steht die *CITI-Klassifizierung der UN* (Nr. 1 b, S. 20), aus der sich die Klassifizierungen 1 a, 2 a, 3 a, 6 b und 6 c direkt herleiten lassen. Die EWG hat sich dafür ausgesprochen, für die einheitliche Darstellung der Gesamtrechnungen das System der UN — also Nr. 1 a der obigen Liste — zu empfehlen, weil

1. die meisten Länder der westlichen Welt außerhalb der Franc-Zone ihr Gesamtrechnungssystem nach dem der UN ausgerichtet haben

2. alle afrikanischen Länder außerhalb der Franc-Zone — mit geringen Abweichungen — die UN-Klassifizierung benutzen

3. die Klassifizierung der UN etwas detaillierter ist als die der OEEC.

Diese Ansicht dürfte von der ECA — als einem UN-Organ — geteilt werden. Allgemein als *unzureichend* betrachtet wird jedoch die Aufgliederung des landwirtschaftlichen Sektors in der UN-Klassifizierung, die ja auf die Bedürfnisse der industriellen Staaten zugeschnitten ist. Da die Landwirtschaft in den Entwicklungsländern häufig mehr als die Hälfte des Sozialproduktes ausmacht, wird vorgeschlagen, die Aufspaltung weiter zu treiben. Dabei wird fast zwangsläufig der Übergang von einer Aufteilung nach Unternehmungsgruppen zur Gliederung nach Produkten und Produktgruppen vollzogen.

E. Die Subsistenzwirtschaft in der volkswirtschaftlichen Gesamtrechnung

Eine Arbeitsgruppe afrikanischer Statistiker befaßte sich im Juni 1960 in Addis Abeba ausschließlich mit dem Problem der Behandlung der Subsistenzwirtschaft in der volkswirtschaftlichen Gesamtrechnung [1]. Es wurde hervorgehoben, daß es einen eigentlichen Subsistenz*sektor* in Afrika nicht mehr gibt: Subsistenzwirtschaft findet sich immer neben der Marktproduktion als mehr oder minder bedeutender Teilbereich der gesamten wirtschaftlich relevanten Tätigkeiten [2]. Während für manche wirtschaftliche Analysen die Beschränkung auf den monetären Sektor genügt, ist für die gesamtwirtschaftliche Betrachtung die *Einbeziehung der Subsistenzwirtschaft* unumgänglich. Nur so läßt sich ein realistisches Bild von dem Zuwachs der Gesamtproduktion [3], von dem Versorgungsniveau der Bevölkerung, von der Investitionsquote etc. gewinnen.

Auf die Probleme der Abgrenzung und der Bewertung der Subsistenzproduktion sowie auf die Erhebungstechniken und deren Schwierigkeiten soll hier nicht weiter eingegangen werden, da sie im nachfolgenden Beitrag über die Gesamtrechnung Ugandas zur Sprache kommen [4]. Lediglich die Einordnung der ermittelten Subsistenzproduktion in die volkswirtschaftliche Gesamtrechnung soll hier kurz erörtert werden. Grundsätzlich gibt es *zwei Methoden,* wenn man die einfache Addition der Größen des monetären und des naturalwirtschaftlichen Sektors ausschließt: Die Subsistenzwirtschaft kann im Rahmen der üblichen Sektorenbildung (Haushalte, Unternehmen, Staat) in den Produktions- und Einkommensverwendungskonten gesondert ausgewiesen werden, oder aber sie wird zum Gegenstand eines eigenen Sektors gemacht.

Die ECA empfiehlt die zweite Methode. Ein vollständiges Sektorenschema „Einnahmen und Ausgaben der ländlichen Haushalte" (analog den

---

[1] "Meeting on the Treatment of Non-Monetary Transactions", 27. 6. bis 2. 7. 1960 in Addis Abeba, auf Ersuchen der ersten Konferenz afrikanischer Statistiker von der ECA einberufen. Wir beziehen uns in diesem Abschnitt weitgehend auf die Ergebnisse dieser Konferenz.

[2] "The expression (subsistence sector) is misleading and conveys the idea of a separate sector of the economy where no monetary transactions take place. There is no pure subsistence sector left in Africa but, instead, a continuous gradiation in the share of subsistence activities in the production of households." ECA-Bulletin, Juni 1961, S. 41. — Die Statistiker schlagen deshalb vor, nur noch von "subsistence activities" zu sprechen. Deren Anteil am Brutto-Inlandsprodukt betrug (nach G. HUNTER: The New Societies of Tropical Africa; Oxford 1962, S. 49) für die folgenden Länder im Jahre 1959: Njassaland 50%, Tanganyika 40%, Kenya und Uganda 25 %, Nord-Rhodesien 15 %, Süd-Rhodesien 10 %.

[3] Die Marktproduktion wächst häufig — grob umrissen — um 4—7 % jährlich, die Subsistenzproduktion um 2—3 %.

[4] Vgl. H. HELMSCHROTT: Probleme der volkswirtschaftlichen Gesamtrechnung am Beispiel Ugandas, in diesem Heft S. 26.

22

Einnahmen und Ausgaben der Unternehmen, des Staates oder der städtischen Haushalte) würde wie folgt aussehen[1]:

Einnahmen	*Ausgaben*
1. Verkäufe an andere Sektoren	7. Konsumausgaben
2. Produktion für Eigenverbrauch und Naturaltausch	a) Verbrauch eigener Produktion und getauschter Güter
a) Produktion von Gütern	b) Käufe von anderen Sektoren
b) Produktion von häuslichen Diensten	8. Investitionen
3. Veränderung der Lagerbestände	a) Eigene Produktion und eingetauschte Güter
4. Netto-Faktoreinkommen von anderen Sektoren	b) Käufe von anderen Sektoren
5. Transfers von anderen Sektoren	9. Veränderung der Lagerbestände
6. Einnahmen insgesamt	10. Käufe für Produktionszwecke von anderen Sektoren
	11. Indirekte Steuern
	12. Andere laufende Zahlungen an andere Sektoren
	13. Netto-Kapitalausfuhr in andere Sektoren
	14. Ausgaben insgesamt

In Anbetracht der statistischen Schwierigkeiten genügt es jedoch zunächst, wenn nur die Daten für Punkt 1 und 2, bzw. 7 und 8 — und diese dafür mit einiger Genauigkeit — ermittelt werden können.

Eine weitere Ausgestaltung der volkswirtschaftlichen Gesamtrechnung — insbesondere der Matrixform, die die Beziehungen zwischen den verschiedenen Sektoren zeigt — wird in Form von *regionalen Untergliederungen* angestrebt. Diese regionalen Konten haben in vielen Entwicklungsländern wegen der großen strukturellen Unterschiede der einzelnen Gebiete ein besonderes Interesse; so ermöglicht etwa die Ausgliederung eines Wachstumszentrums mit hoher Produktivität und großem monetären Sektor, die Wirkungen dieses Sektors auf die restliche Volkswirtschaft zu beobachten. Auf diesen Punkt kann hier nicht weiter eingegangen werden[2].

F. Die Tätigkeit der ECA auf dem Gebiet der volkswirtschaftlichen Gesamtrechnung

Wie aus den Abschnitten B und C ersichtlich ist, haben einige Staaten Tropisch-Afrikas aus ihrer kolonialen Vergangenheit volkswirtschaftliche

---

[1] Vgl. ECA-Bulletin, Juni 1961, S. 42.

[2] Vgl. hierzu den Matrix-Entwurf in dem „Document de Travail No. 3" der mehrfach genannten Expertentagung der EWG „Structure d'une matrice applicable aux pays africains en voie de développement".

Gesamtrechnungen unterschiedlicher Vollständigkeit und Qualität mitbekommen, während andere die Grundlagen erst erarbeiten müssen. Aber auch die Länder der erstgenannten Gruppe stehen nach Erlangung der Unabhängigkeit vor einer schweren Aufgabe: Der fast ausschließlich von Europäern aufgebaute und geleitete statistische Apparat muß in die Hände *afrikanischer Fachleute* überführt werden. Bisher fehlte es vielen Ländern noch an eigenen Statistikern und Wirtschaftswissenschaftlern, die in der Lage sind, diese Arbeiten weiterzuführen.

Diesen Staaten zu helfen, ist das Ziel der UN-Wirtschaftskommission für Afrika (ECA), die besonders in den letzten Jahren eine lebhafte Aktivität entfaltet hat. Die wichtigsten Aufgaben, bei denen die ECA Hilfestellung leisten kann, sind:

1. Aufbau und Erweiterung des statistischen Apparates in den afrikanischen Ländern, insbesondere die Ausbildung von Statistikern;

2. Anpassung der volkswirtschaftlichen Gesamtrechnung an die Struktur der afrikanischen Länder;

3. Abstimmung der Begriffe und Definitionen, um eine möglichst weitgehende Vergleichbarkeit zu gewährleisten.

Im Anschluß an die erste Konferenz afrikanischer Statistiker (29. September bis 8. Oktober 1959 in Addis Abeba) wurden folgende Maßnahmen beschlossen und eingeleitet:

1. Austausch von Informationen

Hierzu gehört auch die geplante Veröffentlichung eines Jahrbuchs der Gesamtrechnungen afrikanischer Länder und eines Handbuchs für afrikanische Statistiker, die an volkswirtschaftlichen Gesamtrechnungen arbeiten (vgl. S. 16).

2. Ausbildungsprogramme

Hier wurden drei Maßnahmen beschlossen:
— Die ECA vermittelt junge afrikanische Statistiker als Praktikanten zur Mitarbeit an volkswirtschaftlichen Gesamtrechnungen in afrikanischen Ländern.
— Für noch wenig erfahrene Statistiker richtet die ECA kurze Ausbildungskurse über die in Afrika angewandten Gesamtrechnungssysteme ein.
— Auf regionaler Basis werden mehrere drei- und sechsmonatige Kurse über praktische statistische Probleme in Zusammenhang mit der Erhebung und Aufbereitung des statistischen Materials abgehalten.

3. Organisation von Expertentagungen

Dieser dritte Punkt wird von der ECA als wichtigste und dringlichste Aufgabe betrachtet. Die ersten Tagungen dieser Art waren die über die Behandlung der Subsistenzwirtschaft in den Gesamtrechnungen und die

Tagung über die Anwendungsmöglichkeiten der Gesamtrechnung (27. Juni bis 2. Juli 1960 bzw. 10. Januar bis 12. Januar 1961, beide in Addis Abeba). Eine weitere Tagung, die die Anpassung des UN-Systems der volkswirtschaftlichen Gesamtrechnung an die afrikanischen Verhältnisse zum Thema hatte, fand vom 24. September bis 29. September 1962 statt, wiederum in der äthiopischen Hauptstadt[1]. Die jüngste Tagung afrikanischer Statistiker fand vom 11. Februar bis zum 3. März 1964 in Addis Abeba statt.

Methoden und Probleme der volkswirtschaftlichen Gesamtrechnung in Ostafrika am Beispiel Ugandas

Von *H. Helmschrott*

A. Fragestellung

Die ersten volkswirtschaftlichen Gesamtrechnungen entstanden in wirtschaftlich hochentwickelten Ländern: in Europa und in den Vereinigten Staaten. Um die unterschiedlichen nationalen Systeme zu vereinheitlichen und weiterzuentwickeln, gab die Organization of European Economic Co-operation (OEEC) 1952 ein *Standardsystem volkswirtschaftlicher Gesamtrechnungen*[2] heraus. Diesem Schema lag das von der National Accounts Research Unit der OEEC in Cambridge unter der Leitung von J. R. N. Stone entwickelte vereinfachte System volkswirtschaftlicher Gesamtrechnungen[3] zugrunde. Das Standardsystem der OEEC wurde mit geringfügigen Änderungen im Hinblick auf die besonderen wirtschaftlichen Verhältnisse in Entwicklungsländern von den Vereinten Nationen (UN) übernommen. Seither hat es nicht an Versuchen gefehlt, den wirtschaftlichen Eigenheiten der Entwicklungsländer bei der Ausgestaltung der volkswirtschaftlichen Gesamtrechnung mehr und mehr gerecht zu werden. So hat beispielweise die Economic Commission for Africa der UN (ECA) wiederholt Empfeh-

---

[1] Vgl. hierzu: Report of the Working Group on the Adaptation of the UN System of National Accounts for Use in Africa, Addis Abeba, ECA-Dokument E/CN.14/221 vom 15. 12. 1962 sowie
PHILIPPE BERTHET: Propositions pour un système intermédiaire de comptabilité nationale à l'usage des pays africains, Addis Abeba, ECA-Dokument E/CN.14/ NAC/7 vom 31. 8. 1962.
[2] OEEC, A Standardised System of National Accounts, Paris 1952.
[3] OEEC, A Simplified System of National Accounts, Paris 1950.

lungen für die Durchführung der volkswirtschaftlichen Gesamtrechnung in afrikanischen Entwicklungsländern gegeben [1].

Ziel dieser Empfehlungen ist es vor allem, die in der volkswirtschaftlichen Gesamtrechnung auftretenden Begriffe zu vereinheitlichen. Daneben sollen die Entwicklungsländer veranlaßt werden, bestimmte Probleme bei der Berechnung des Volkseinkommens — wie etwa die Behandlung der Subsistenzproduktion — auf die gleiche Art und Weise zu lösen, um so die nationalen Gesamtrechnungsergebnisse international vergleichbar zu machen. Schließlich soll den Entwicklungsländern auch die Richtung gewiesen werden, in der die volkswirtschaftliche Gesamtrechnung weiter ausgestaltet werden kann.

Der letzte Bericht der ECA über Probleme der Gesamtrechnung (Report of the Working Group on the Adaption of the United Nations System of National Accounts for Use in Africa), der Anfang 1963 erschien, bringt ein für die gegenwärtigen afrikanischen Verhältnisse sehr anspruchsvolles Programm. Der Entwurf, in den eine Reihe von Elementen des französischen Gesamtrechnungssystems aufgenommen wurde, wie etwa das für Wirtschaftsanalysen sehr wertvolle „Inventory Account of Human Resources", mündet in eine Input-Output-Analyse ein. Es ist unbestritten, daß eine solche Analyse für die Wirtschaftsplanung nützliche Informationen bietet; aber es wird im ostafrikanischen Raum — mit Ausnahme vielleicht von Südrhodesien — kein Land geben, das schon in den nächsten Jahren über hinreichende Informationsquellen verfügen wird, um das Schema der ECA mit zuverlässigen Daten zu füllen.

Für eine eingehende Beschreibung sämtlicher Gesamtrechnungssysteme Ostafrikas besteht kein echtes Bedürfnis mehr, nachdem die ECA für 1964 ein Handbuch über die in Afrika angewandten Gesamtrechnungssysteme angekündigt hat. Leider waren nicht alle Staaten Afrikas bereit, an dieser Veröffentlichung mitzuarbeiten. So wird sich die Darstellung voraussichtlich auf etwa 10 bis 15 Länder beschränken. Fast alle ostafrikanischen Länder hatten jedoch zugesagt, Beiträge für dieses Handbuch zu liefern. Damit werden wir in Kürze einen guten Überblick über die Gesamtrechnungssysteme Ostafrikas erhalten.

Um die Problematik der volkswirtschaftlichen Gesamtrechnung in Ostafrika deutlich zeigen zu können, wollen wir das Gesamtrechnungssystem *eines* Landes genauer schildern, und zwar das Ugandas. Die Gesamtrechnung dieses Landes kann als *typisch für ostafrikanische Länder* gelten. Freilich darf man dabei nicht übersehen, daß die Gesamtrechnungssysteme der ein-

---

[1] ECA, Report of the Working Group on the Uses of National Accounts in Africa, Addis Abeba 1961; derselbe, Report of the Working Group on the Treatment of Non-Monetary (Subsistence) Transactions within the Framework of National Accounts, Addis Abeba 1960; derselbe, Report of the Working Group on the Adaption of the United Nations System of National Accounts for Use in Africa, Addis Abeba 1963.

zelnen Länder auf Grund unterschiedlicher Informationsquellen und mitunter auch wegen abweichender theoretischer Vorstellungen in Umfang und Form voneinander differieren, gelegentlich sogar erheblich. Das zeigt sich besonders deutlich, wenn man die frühere Föderation von Rhodesien und Njassaland [1] mit den übrigen Ländern Ostafrikas vergleicht. Die volkswirtschaftliche Gesamtrechnung der Föderation ist vergleichsweise umfassend und detailliert. In den übrigen Ländern Ostafrikas dagegen ist man bisher noch nicht wesentlich über eine reine Ermittlung des Volkseinkommens hinausgelangt.

Bei der Analyse der Gesamtrechnung Ugandas geht es vorwiegend um folgende Fragen:

1. Welche *Aggregate* werden in der Gesamtrechnung Ugandas ausgewiesen?
2. Welche typischen *Merkmale* zeigt die Gesamtrechnung?
3. Welche *Erhebungsmethoden* werden bei der Ermittlung des Sozialprodukts angewandt?
4. Welche *Folgen* und *Probleme* ergeben sich aus diesen Erhebungsmethoden für die Interpretation der Ergebnisse?

Im Mittelpunkt unserer Untersuchung werden die beiden letzten Fragen stehen, die Fragen nach den Erhebungsmethoden und nach den sich daraus ergebenden Problemen bei der Interpretation der Ergebnisse.

B. Die bisherigen Ergebnisse der Gesamtrechnung für Uganda

Die wichtigsten Größen, die in der Gesamtrechnung Ugandas ausgewiesen werden, sind das *Brutto-Inlandsprodukt* [2], gegliedert nach Wirtschaftsbereichen und Einkommensarten, sowie die *Kapitalbildung*. Bis einschließlich 1962 wurden diese Aggregate nur zu laufenden Preisen ermittelt. Seit 1963 werden daneben noch konstante Preise herangezogen, so daß es möglich ist, die Veränderungen des Brutto-Inlandsprodukts und der Kapitalbildung in Preis- und Mengeneffekte aufzuspalten.

I. Brutto-Inlandsprodukt

Wie aus Tab. 1 zu entnehmen ist, stieg das Brutto-Inlandsprodukt Ugandas von 128,7 Mill. £ im Jahr 1954 auf 155,2 Mill. £ im Jahr 1962. Setzt man das Brutto-Inlandsprodukt des Jahres 1954 gleich 100, so

---

[1] Südrhodesien, Nordrhodesien und Njassaland schlossen sich am 7. 9. 1953 zur Zentralafrikanischen Föderation von Rhodesien und Njassaland zusammen. Innere Gegensätze brachten die Föderation zehn Jahre später zum Scheitern. Auf der Mitte 1963 in Livingstone abgehaltenen Konferenz kamen die drei Mitglieder der Föderation und Großbritannien überein, die Föderation Ende 1963 offiziell zu lösen, was inzwischen geschehen ist.

[2] Das Brutto-Inlandsprodukt bildet die Wertschöpfung sämtlicher inländischer Unternehmen zuzüglich der Abschreibungen.

beläuft sich das des Jahres 1962 auf rd. 120. Ob diese Zunahme dem realen Wachstum des Brutto-Inlandsprodukts entspricht, kann nicht entschieden werden; denn die in der Gesamtrechnung ausgewiesenen Größen sind — wie schon erwähnt — zu laufenden Preisen bewertet; somit stellen die Veränderungsraten eine *Mischung aus Mengen- und Preisänderungen* dar. Je nachdem, wie sich das Preisniveau entwickelte, kann das reale Wachstum des Brutto-Inlandsprodukts größer, gleich oder kleiner als das nominale gewesen sein.

Tabelle 1. *Das Brutto-Inlandsprodukt Ugandas zu Faktorkosten*

Wirtschaftsbereich	in Mill. £								
	1954	1955	1956	1957	1958	1959	1960	1961	1962
Land- u. Forstwirtschaft, Fischfang u. Jagd*	92,5	97,6	95,2	98,8	97,7	98,0	96,9	101,0	98,7
Bergbau, Steine u. Erden	0,9	1,1	1,1	1,5	1,6	2,0	2,2	2,3	2,6
Industrie. . . .	6,0	7,7	8,1	7,4	7,5	7,6	7,7	8,1	8,1
Bau	3,9	4,3	5,4	3,9	4,2	3,8	3,8	3,6	3,9
Handel	11,8	12,9	13,5	14,7	13,7	14,1	14,2	14,5	14,2
Transport u. Verkehr	3,7	4,3	4,2	4,6	5,3	5,6	6,2	5,9	5,7
Verwaltung . .	3,3	4,3	5,0	5,5	5,6	6,0	6,5	6,6	6,9
Verschiedene Dienstleistungen	5,2	6,4	7,0	7,8	8,1	8,5	10,9	11,6	11,5
Wohnungsnutzung (Mieten)	1,4	1,6	2,1	2,5	3,1	3,2	3,4	3,5	3,6
Brutto-Inlandsprodukt zu Faktorkosten . .	128,7	140,2	141,6	146,7	146,8	148,8	151,8	157,1	155,2

* Dieser Sektor umschließt auch das Entkernen von Baumwolle, das Aufbereiten von Kaffee und die Verarbeitung von Zuckerrohr.
Quelle: Uganda Government, Ministry of Economic Affairs, Background to the Budget 1963—1964, Entebbe 1963, S. 1; und:
East African Statistical Department, The Gross Domestic Product of Uganda 1954—1959, Entebbe 1961, S. 6.

Die in der Tab. 1 und in der folgenden Tab. 2 eingehaltene Gliederung des Brutto-Inlandsprodukts nach Wirtschaftsbereichen entspricht — von einigen Ausnahmen abgesehen — dem von der UN empfohlenen *ISIC-Schema*[1]. Auch in den übrigen Ländern Ostafrikas, in denen der früheren Föderation von Rhodesien und Njassaland, in Tanganyika und im Sudan hält man sich grundsätzlich an das ISIC-Muster. Gelegentliche Abweichungen von diesem Schema sind meistens erhebungstechnisch bedingt: Die

[1] *International Standard Industrial Classification of All Economic Activities*, United Nations Statistical Office, Statistical Papers, Series M. No. 4.

28

gegebenen Informationen lassen eine Aufteilung entsprechend dem ISIC-Schema nicht zu.

Tabelle 2. *Die Beiträge der einzelnen Wirtschaftsbereiche zum Brutto-Inlandsprodukt Ugandas in %*

Wirtschaftsbereich	1954	1955	1956	1957	1958	1959	1960	1961	1962
Land- u. Forst-wirtschaft, Fischfang u. Jagd	71,9	69,5	67,3	67,5	66,6	65,8	63,8	64,2	63,7
Bergbau, Steine und Erden . . .	0,6	0,8	0,8	1,0	1,1	1,3	1,4	1,5	1,7
Industrie	4,7	5,5	5,7	5,0	5,1	5,1	5,1	5,2	5,2
Bau	3,0	3,1	3,8	2,7	2,9	2,6	2,5	2,3	2,5
Handel	9,2	9,2	9,5	10,0	9,3	9,5	9,4	9,2	9,1
Transport und Verkehr	2,9	3,1	3,0	3,1	3,6	3,8	4,1	3,8	3,7
Verwaltung . .	2,6	3,1	3,5	3,7	3,8	4,0	4,3	4,2	4,4
Verschiedene Dienstleistungen	4,0	4,6	4,9	5,3	5,5	5,7	7,2	7,4	7,4
Wohnungs-nutzung (Mieten)	1,1	1,1	1,5	1,7	2,1	2,2	2,2	2,2	2,3
Brutto-Inlands-produkt zu Faktorkosten . .	100,0	100,0	100,0	100,0	100,0	100,0	100,0	100,0	100,0

Quelle: Abgeleitet aus Tabelle 1.

Wie Tab. 2 zeigt, lieferten Landwirtschaft, Forstwirtschaft, Fischfang und Jagd den mit Abstand größten Beitrag zum Brutto-Inlandsprodukt. Während der Periode 1954—1962 liegen die entsprechenden Anteile zwischen 63 und 72 %. Tendenziell ging der Beitrag der Landwirtschaft zum Brutto-Inlandsprodukt zurück. Hatte er 1954 und 1955 noch etwa 70 % betragen, so belief er sich 1961 und 1962 noch auf etwa 64 %. An zweiter Stelle folgt der Handel, der jeweils etwa 9—10 % zum Brutto-Inlandsprodukt Ugandas beitrug. Der hohe relative Anteil des Handels am Brutto-Inlandsprodukt ist charakteristisch für Entwicklungsländer, bei denen der Handelssektor grundsätzlich überbetont ist.

Die Tab. 3 gibt die absoluten und relativen Beiträge des monetären und des nichtmonetären Sektors zum Brutto-Inlandsprodukt Ugandas an. Zwischen 1954 und 1962 entstanden jeweils etwa 70 % des Brutto-Inlandsprodukts im monetären Sektor und entsprechend etwa 30 % im nicht-monetären Sektor. Vergleicht man die Beiträge der beiden Sektoren im Jahr 1962 mit denen im Jahr 1954, so stellt man fest, daß sich die relativen Anteile zugunsten des nichtmonetären Bereichs verschoben haben. Eigentlich hätte man bei einem Entwicklungsland das Gegenteil erwartet, nämlich, daß der relative Beitrag des nichtmonetären Sektors zum Brutto-Inlandsprodukt stetig abnimmt. Diese Entwicklung trat in Uganda deshalb nicht ein, weil die *Weltmarktpreise für Kaffee und Baumwolle* — die wichtigsten „cash crops" Ugandas — in diesen Jahren ständig zurückgingen.

Tabelle 3. *Die absoluten und relativen Beiträge des monetären und des nichtmonetären Sektors zum Brutto-Inlandsprodukt Ugandas in Mill. £ bzw. in %*

Sektor	1954	1955	1956	1957	1958	1959	1960	1961	1962
Monetärer Sektor									
absolut (Mill. £) .	92,7	101,0	102,8	109,4	106,3	107,8	110,5	111,8	106,5
relativ (%) . .	72,0	72,0	72,6	74,5	72,4	72,5	72,8	71,1	68,7
Nichtmonetärer Sektor									
absolut (Mill. £) .	36,0	39,2	38,8	37,3	40,5	41,0	41,3	45,3	48,7
relativ (%) . .	28,0	28,0	27,4	25,5	27,6	27,5	27,2	28,9	31,3
Brutto- Inlandsprodukt zu Faktorkosten									
absolut (Mill. £) .	128,7	140,2	141,6	146,7	146,8	148,8	151,8	157,1	155,2
relativ (%) . .	100,0	100,0	100,0	100,0	100,0	100,0	100,0	100,0	100,0

Quelle: Uganda Government, Ministry of Economic Affairs, Background to the Budget, Entebbe 1963, S. 1, und East African Statistical Department, The Gross Domestic Product of Uganda 1954—59, Entebbe 1961, S. 7.

Tabelle 4. *Wachstumsraten des Brutto-Inlandsprodukts Ugandas*

Vorgang	1954	1955	1956	1957	1958	1959	1960	1961	1962
Brutto-Inlandsprodukt (Mill. £)	128,7	140,2	141,6	146,7	146,8	148,8	151,8	157,1	155,2
Wachstumsraten (%)	—	9,0	1,0	3,7	0,1	1,4	2,0	3,5	—1,2

Quelle: Abgeleitet aus Tabelle 1.

Es fällt auf (s. Tab. 4), daß sich die Wachstumsraten des Brutto-Inlandsprodukts von Jahr zu Jahr teilweise *sprunghaft* veränderten. Der Grund für diese Entwicklung ist vor allen Dingen in den erheblichen Schwankungen der Ernteergebnisse und der Weltmarktpreise für Kaffee und Baumwolle zu suchen. Überraschend kommt der Rückgang des Brutto-Inlandsprodukts im Jahre 1962. Der absolute Rückgang beträgt 1,9 Mill. £, der relative 1,2 %. Geht man auf die Entwicklung der einzelnen Wirtschaftsbereiche ein, so stellt man fest, daß die Brutto-Wertschöpfung lediglich im monetären Bereich der Landwirtschaft erheblich abnahm, während sie in den übrigen Sektoren anstieg oder nahezu gleich blieb. Die Ursache für den Rückgang des Brutto-Inlandsprodukts im Jahr 1962 ist also im monetären Bereich der Landwirtschaft zu suchen.

Die beiden wichtigsten Komponenten der Brutto-Wertschöpfung[1] des monetären Bereichs der Landwirtschaft bilden die *Erlöse der Baumwoll- und Kaffeepflanzer*. Diese beiden Zahlungsströme entwickelten sich 1962 (im Vergleich zum Vorjahr) in gegensätzlicher Richtung: Die Erlöse der Kaffeepflanzer stiegen von 8 Mill. £ (1961) auf 8,8 Mill. £ (1962) an, während die Erlöse der Baumwollpflanzer von 12,6 Mill. £ (1961) auf 6,1 Mill. £ (1962) fielen. Die Erlöse der Kaffee- und Baumwollpflanzer zusammengenommen gingen von 20,6 Mill. £ (1961) auf 14,9 Mill. £ (1962) zurück, also um 5,7 Mill. £. Diese Differenz entspricht genau dem Rückgang der Brutto-Wertschöpfung des monetären Bereichs der Landwirtschaft (1961: 55,7 Mill. £, 1962: 50,0 Mill. £). Die enorme *Abnahme der Erlöse* der Baumwollpflanzer kann grundsätzlich von einem Rückgang der abgesetzten Mengen, von einem Rückgang der erzielten Preise oder von beiden Faktoren zugleich herrühren. Der Preis für Baumwolle veränderte sich nur geringfügig, während die geerntete Menge infolge ungünstiger Witterungseinflüsse 1962 nur etwa halb so hoch war wie 1961, und das, obgleich die bebaute Fläche ausgedehnt worden war. Hatte die Ernte 1961 noch etwa 380 000 Ballen Baumwolle erbracht, so waren es 1962 lediglich rd. 180 000 Ballen[2]. Unterstellt man, daß die gesamte geerntete Baumwollmenge auf den Markt gebracht wurde, so bedeutet der mengenmäßige Rückgang von etwa 50 % — bei ziemlich unveränderten Preisen — eine Halbierung der Erlöse der Baumwollpflanzer, was auch in den Zahlen zum Ausdruck kommt (1961: 12,6 Mill. £, 1962: 6,1 Mill. £).

Die *durchschnittliche* Wachstumsrate[3] des Brutto-Inlandsprodukts betrug zwischen 1954 und 1962 knapp 2,5 %. Das Wachstum des *realen* Brutto-Inlandsprodukts[4] war erheblich höher, da das Preisniveau beträchtlich absank. C. P. HADDON-CAVE errechnete für Uganda von 1954 bis 1960 eine durchschnittliche Wachstumsrate des realen Brutto-Inlandsprodukts von 5,9 %, für Tanganyika von 3,8 % und für Kenya von 4,8 %[5]. Im folgenden werden wir die *Schätzmethode* von C. P. HADDON-CAVE beschreiben und

---

[1] Unter Brutto-Wertschöpfung wird die Summe aus Wertschöpfung und Abschreibung verstanden.

[2] Vgl. Barclays Bank, Overseas Survey 1963, London, S. 115 ff.

[3] Unter der durchschnittlichen Wachstumsrate wird jene Wachstumsrate verstanden, die, falls sie Jahr für Jahr eingetreten wäre, das Brutto-Inlandsprodukt des Jahres 1954 auf den Stand des Jahres 1962 gebracht hätte. Entscheidend für die Höhe der durchschnittlichen Wachstumsrate sind also die Höhe des Brutto-Inlandsprodukts im Jahr 1954 und die im Jahr 1962 sowie die Länge der dazwischenliegenden Zeitperiode.

[4] Der Begriff „reales Brutto-Inlandsprodukt" bezeichnet das Brutto-Inlandsprodukt zu konstanten Preisen (Preise des Jahres 1954). Ist nur von Brutto-Inlandsprodukt die Rede, so ist damit immer das Brutto-Inlandsprodukt zu laufenden Preisen gemeint.

[5] Vgl. C. P. HADDON-CAVE, Real Growth of the East African Territories, 1954 to 1960, in: The East African Economic Review, Vol. 8, No. 1, S. 33 ff.

einer Kritik unterziehen. Außerdem soll versucht werden, eine Größen-
vorstellung von den Außenhandelsverlusten Ugandas zu geben. Zuvor sind
noch einige Symbole zu erläutern [1]:

$$E_t = \text{nominales Brutto-Inlandsprodukt in der Periode t}$$

$$E_t^x = \text{reales Brutto-Inlandsprodukt in der Periode t}$$

$$V_t = \text{nominale Inlandsverfügbarkeit}$$

$$V_t^x = \text{reale Inlandsverfügbarkeit}$$

$$C_t = \text{nominaler Konsum}$$

$$C_t^x = \text{realer Konsum}$$

$$I_t = \text{nominale Brutto-Investition}$$

$$I_t^x = \text{reale Brutto-Investition}$$

$$X_t = \text{nominale Exporte}$$

$$X_t^x = \text{reale Exporte}$$

$$M_t = \text{nominale Importe}$$

$$M_t^x = \text{reale Importe}$$

$$P_t = \text{Index der Konsum- und Investitionsgüterpreise in der Periode t}$$

$$P_0 = \text{Index der Konsum- und Investitionsgüterpreise in der Basisperiode}$$

$$XP_t = \text{Index der Exportgüterpreise in der Periode t}$$

$$XP_0 = \text{Index der Exportgüterpreise in der Basisperiode}$$

$$MP_t = \text{Index der Importgüterpreise in der Periode t}$$

$$MP_0 = \text{Index der Importgüterpreise in der Basisperiode}$$

C. P. HADDON-CAVE geht von der Inlandsverfügbarkeit an Gütern aus. Diese
Größe umfaßt den inländischen Konsum und die inländische Investition. Die In-
landsverfügbarkeit wird vom Brutto-Inlandsprodukt abgeleitet, indem zu diesem
Aggregat die Importe hinzugefügt und davon die Exporte abgezogen werden.

$$V_t = C_t + I_t \tag{1}$$

$$E_t = C_t + I_t + X_t - M_t \tag{2}$$

Aus (1) und (2) folgt:

$$V_t = E_t + M_t - X_t \tag{3}$$

Mit Hilfe des Index für inländische Konsum- und Investitionsgüterpreise (1954 =
100) wird die Inlandsverfügbarkeit an Gütern in die reale Inlandsverfügbarkeit
übergeführt:

$$V_t^x = \frac{V_t}{P_t} \cdot 100 \tag{4}$$

---

[1] Der Unterschied zwischen nominalen und realen Größen besteht darin, daß im
ersten Fall laufende Preise und im zweiten Fall konstante Preise zugrunde gelegt
sind. Der Einfachheit halber wird im folgenden auf den Zusatz „nominal" verzichtet; so ist beispielsweise der nominale Konsum gemeint, wenn nur von Konsum
gesprochen wird. Falls es dagegen um reale Größen geht, wird das ausdrücklich
erwähnt.

Anschließend werden die Exporte und Importe mit Hilfe der entsprechenden Preisindices (1954 = 100) in die realen Importe und in die realen Exporte umgewandelt:

$$X_t^x = \frac{X_t}{XP_t} \cdot 100 , \tag{5}$$

$$M_t^x = \frac{M_t}{MP_t} \cdot 100 . \tag{6}$$

Von der realen Inlandsverfügbarkeit an Gütern werden die realen Importe abgezogen und die realen Exporte hinzugezählt, um so zum realen Brutto-Inlandsprodukt (Brutto-Inlandsprodukt zu konstanten Preisen des Jahres 1954) zu gelangen:

$$E_t^x = C_t^x + I_t^x + X_t^x - M_t^x , \tag{7}$$

$$V_t^x = C_t^x + I_t^x \tag{8}$$

$$E_t^x = V_t^x + X_t^x - M_t^x . \tag{9}$$

Auf Grund von (4), (5), (6) und (9) ergibt sich als Schätzfunktion für das reale Brutto-Inlandsprodukt:

$$E_t^x = 100 \left(\frac{V_t}{P_t} + \frac{X_t}{XP_t} - \frac{M_t}{MP_t} \right) . \tag{10}$$

C. P. HADDON-CAVE, der auf dieser Grundlage das reale Brutto-Inlandsprodukt Ugandas berechnete, kam für den Zeitraum von 1954 bis 1960 zu folgenden Ergebnissen:

Tabelle 5. *Das nominale und reale Brutto-Inlandsprodukt Ugandas in Mill. £*

Periode	E_t	E_t^x
1954	130,7	130,7
1955	142,2	150,1
1956	143,7	149,7
1957	148,6	158,2
1958	148,7	159,2
1959	150,4	165,8
1960	151,9	184,0

Quelle: East African Economics Review, Vol. 8, No. 1, Nairobi 1961, S. 39.

Das reale Brutto-Inlandsprodukt Ugandas stieg in den Jahren 1954 bis 1960 von 130,7 Mill. £ auf 184,0 Mill. £ und nahm somit um 53,3 Mill. £ zu; das entspricht einer durchschnittlichen Wachstumsrate von 5,9 %. Das reale Brutto-Inlandsprodukt Ugandas wuchs also erheblich stärker als das nominale (Wachstumsrate rd. 2,5 %). Sieht man in der Entwicklung des realen Brutto-Inlandsprodukts einen geeigneten Maßstab für die Entwicklung der ökonomischen Aktivität eines Landes, so besagt das oben beschriebene Ergebnis, daß sich die ökonomische Aktivität Ugandas seit 1954 beträchtlich verstärkte.

Die von C. P. Haddon-Cave zur Schätzung des realen Brutto-Inlandsprodukts benutzten Informationen sind sicher mit Fehlern behaftet. Das gilt für die Angaben über das nominale Brutto-Inlandsprodukt und in noch höherem Maß für den Preisindex der im Inland verfügbaren Konsum- und Investitionsgüter. Da weder die Richtung noch das Ausmaß der Fehler der Ausgangsdaten zuverlässig abgeschätzt werden können, ist es nicht möglich, den Fehler der von diesen Ausgangsdaten abgeleiteten Ergebnisse zahlenmäßig einzugrenzen.

C. P. Haddon-Cave ermittelte die realen Größen mit Hilfe der entsprechenden nominalen Größen und der entsprechenden Preisindices. So wurden beispielsweise die realen Exporte nach folgender Formel berechnet:

$$X_t^x = \frac{X_t}{PX_t} \cdot 100.$$

Würde es sich bei den Preisindices um einen Index nach Paasche handeln, so wäre gegen das Vorgehen von C. P. Haddon-Cave methodisch nichts einzuwenden. Denn — wie sich sogleich zeigen wird — kann von einer nominalen Größe die entsprechende reale Größe abgeleitet werden, indem man sie durch den Preisindex nach Paasche dividiert.

Wir bezeichnen im folgenden mit (p) die Preise und mit (q) die Mengen der einzelnen Güter. Die Subskripte bei (p) und (q) geben an, auf welche Periode sich diese Größen beziehen. Das Subskript (o) bezeichnet die Basisperiode. Für den Preisindex nach Paasche (PP) ist charakteristisch, daß die zur Gewichtung der Preise verwendeten Mengen der Berichtsperiode entnommen werden:

$$PP_t = \frac{\Sigma p_t\, q_t}{\Sigma p_0\, q_t} \cdot 100.$$

Dividiert man die nominale Größe ($\Sigma p_t\, q_t$) durch den Preisindex nach Paasche, und multipliziert man diesen Quotienten mit 100, so ergibt sich die reale Größe ($\Sigma p_0\, q_t$):

$$\frac{\Sigma p_t\, q_t}{\dfrac{\Sigma p_t\, q_t}{\Sigma p_0\, q_t} \cdot 100} \cdot 100 = \Sigma p_0\, q_t$$

Bei den von C. P. Haddon-Cave benutzten Preisindices handelt es sich jedoch nicht um Preisindices nach Paasche, sondern um Preisindices nach Laspeyres (PL), bei denen die Gewichte (Mengen der betreffenden Güter) aus der Basisperiode stammen:

$$PL_t = \frac{\Sigma p_t\, q_0}{\Sigma p_0\, q_0} \cdot 100$$

Eine Korrektur der nominalen Größe ($\Sigma p_t\, q_t$) durch den Preisindex nach Laspeyres (PL) führt nur unter einer ganz bestimmten Bedingung zur realen Größe ($\Sigma p_0\, q_t$),

nämlich dann, wenn das Verhältnis der einzelnen Gütermengen zueinander in der
Berichtsperiode das gleiche ist wie in der Basisperiode [1]:

$$\frac{q_t^1}{q_0^1} = \frac{q_t^2}{q_0^2} = \frac{q_t^n}{q_0^n}$$

Die Mengen der einzelnen Güter müssen sich also in der Berichtsperiode (t) gegenüber der Basisperiode (o) in der gleichen Richtung und im gleichen Ausmaß verändert haben. Ob diese Bedingung in Uganda zwischen 1954 und 1960 auch nur
annähernd vorlag, können wir nicht feststellen. Möglicherweise jedoch wurden von
dieser Seite her erhebliche Fehler in die Berechnungen der realen Größen hinein-
getragen.

Wie schon erwähnt, ist das reale Brutto-Inlandsprodukt eines Landes in
der Periode (t) definiert als das Produkt aus der Menge der in (t) erzeugten
Güter und den entsprechenden Preisen in der Basisperiode (o). Der Wert des
realen Brutto-Inlandsprodukts hängt also u. a. entscheidend von der Höhe
der Preise in der Basisperiode ab. Im Jahr 1954, das bei den geschilderten
Berechnungen als Basisperiode diente, waren die Weltmarktpreise für
Kaffee und Baumwolle höher als in jedem der vorangegangenen und der
folgenden Jahre. Hätte man die Preise eines anderen Jahres oder den
Durchschnitt aus den Preisen einiger Jahre als Basis benutzt, so hätten sich
für das reale Brutto-Inlandsprodukt erheblich niedrigere Werte ergeben.
Was soeben über das reale Brutto-Inlandsprodukt gesagt wurde, gilt analog
für die reale Inlandsverfügbarkeit, die realen Importe sowie die realen
Exporte.

Oben wurde festgestellt, daß sich das reale Brutto-Inlandsprodukt
Ugandas zwischen 1954 und 1960 im Durchschnitt um 5,9 % jährlich
erhöhte [2]. Es erhebt sich nun die Frage, ob die *Güterversorgung* Ugandas
im gleichen Ausmaß zunahm. Unter der Güterversorgung eines Landes verstehen wir dabei die Gesamtheit der Güter, die dem Konsum und der
Investition in einem Lande und während einer Periode (Kalenderjahr)
zugeflossen sind, bewertet zu konstanten Preisen (Preise des Jahres 1954).
Der Begriff „Güterversorgung" deckt sich also mit dem Begriff „reale
Inlandsverfügbarkeit an Gütern" [3]. Zu dieser Größe gelangt man, worauf
schon hingewiesen wurde, indem man die Inlandsverfügbarkeit an Gütern
mit dem Index der Konsum- und Investitionsgüterpreise bereinigt.

Das Wachstum der realen Inlandsverfügbarkeit an Gütern blieb erheblich hinter dem Wachstum des realen Brutto-Inlandsprodukts zurück. Während dieses Aggregat im Durchschnitt um 5,9 % zunahm, erreichte die reale
Inlandsverfügbarkeit nur eine Wachstumsrate von etwa 2,5 %. Die Güter-

---

[1] (q_t^1) bedeutet in der folgenden Formel die Menge des Gutes (1) in der
Periode (t). Entsprechend sind die übrigen Symbole zu verstehen.

[2] Siehe Tabelle 5, S. 33.

[3] Von Veränderungen der Vorratsbestände wird in diesem Zusammenhang abgesehen.

versorgung Ugandas erhöhte sich also keineswegs im gleichen Ausmaß wie
das reale Brutto-Inlandsprodukt.

Tabelle 6. *Das reale Brutto-Inlandsprodukt und die reale Inlandsverfügbarkeit*
Ugandas in Mill. £

Periode	E_t^x	V_t^x
1954	130,7	114,8
1955	150,1	133,9
1956	149,7	126,5
1957	158,2	129,3
1958	159,2	126,8
1959	165,8	128,8
1960	184,0	135,0

Quelle: East African Economics Review, Vol. 8, No. 1, Nairobi 1961, S. 46.

Wie sich aus den folgenden Gleichungen ergibt, ist die Differenz zwischen dem
realen Brutto-Inlandsprodukt und der realen Inlandsverfügbarkeit gleich der Differenz zwischen dem realen Export und dem realen Import [1]:

$$E_t^x = C_t^x + I_t^x + X_t^x - M_t^x \tag{11}$$

$$V_t^x = C_t^x + I_t^x \tag{12}$$

Aus (11) und (12) folgt:

$$E_t^x = V_t^x + X_t^x - M_t^x \tag{13}$$

$$E_t^x - V_t^x = X_t^x - M_t^x . \tag{14}$$

Tabelle 7. *Die Außenhandelsverluste Ugandas in Mill. £*

Periode	$X^x - M^x$	$X - M$	$(X^x - M^x) - (X - M)$
1954	15,9	15,9	0
1955	16,2	8,3	7,9
1956	23,2	13,4	9,8
1957	28,9	18,0	10,9
1958	32,2	19,4	12,8
1959	37,0	17,7	19,3
1960	49,0	16,9	32,1

Quelle: East African Economics Review, Vol. 8, No. 1, S. 46.

Die erste Spalte der Tab. 7 zeigt den realen Außenhandelsüberschuß
Ugandas (realer Export minus realer Import: $X^x - M^x$), während in der
zweiten Spalte der tatsächlich erzielte Außenhandelsüberschuß (Export
minus Import: $X - M$) dargestellt ist. In der dritten Spalte schließlich
kommt die Differenz zwischen dem realen und dem tatsächlichen Außen-

---

[1] Wir bezeichnen diese Differenz als den realen Außenhandelsüberschuß (das
reale Außenhandelsdefizit). Diese Größe bedeutet nichts anderes als denjenigen
Überschuß (dasjenige Defizit), der (das) erzielt worden wäre, wenn in der Periode t
die Export- und Importpreise der Basisperiode (1954) geherrscht hätten.

handelsüberschuß zum Ausdruck. Diesen Saldo bezeichnen wir unter Berücksichtigung des Vorzeichens als Außenhandelsgewinn (negatives Vorzeichen) bzw. Außenhandelsverlust (positives Vorzeichen).

Wären z. B. die Export- und die Importpreise im Jahr 1960 ebenso hoch gewesen wie im Jahr 1954, so hätte Uganda einen Außenhandelsüberschuß von 49,0 Mill. £ erreicht. Da jedoch die Exportpreise (Importpreise) im Jahr 1960 niedriger (höher) waren als im Jahr 1954, erzielte Uganda tatsächlich lediglich einen Außenhandelsüberschuß von 16,9 Mill. £. Die auf Grund der Verschlechterung der „terms of trade"[1] (1960 im Vergleich zu 1954) entgangenen Devisenerlöse von 32,1 Mill. £ (49,0 Mill. £ — 16,9 Mill. £) ergeben den Außenhandelsverlust Ugandas im Jahr 1960.

Definitionsgemäß stimmten der reale und tatsächliche Außenhandelsüberschuß in der Basisperiode (1954) in der Höhe überein. In den folgenden Jahren jedoch übertraf der reale Außenhandelsüberschuß stets den tatsächlichen, was bedeutet, daß Uganda laufend Außenhandelsverluste hinnehmen mußte. Besonders beträchtlich waren diese, wie schon erwähnt, im Jahr 1960, als sie eine Höhe von 32,1 Mill. £ erreichten.

II. Kapitalbildung

Da in Uganda keine ausreichenden Informationen über die Höhe der Abschreibungen greifbar sind, können nur die Brutto-Investitionen ausgewiesen werden, dagegen nicht die Netto-Investitionen[2]. Die Schätzung der Brutto-Investition stützt sich auf folgende Informationsquellen: die in den Stadtgebieten geführte Baustatistik, die Importstatistik (Einfuhr von Investitionsgütern) und die Aufzeichnungen der lokalen Behörden, der Regierung und der halbstaatlichen Körperschaften (öffentliche Investitionen).

Tab. 8 zeigt die jährlich vorgenommenen Gesamtinvestitionen, gegliedert in öffentliche und private Investitionen[3]. Der Anteil der öffentlichen Investitionen an den Gesamtinvestitionen schwankte während des beobachteten Zeitraums zwischen 39 und 50 %, und dementsprechend der Anteil der privaten Investitionen zwischen 61 und 50 %. Die in Tabelle 8 angegebenen Relationen (Anteil der öffentlichen bzw. privaten Investitionen an den Gesamtinvestitionen) dürfen lediglich als Annäherung an die tatsächlichen Relationen betrachtet werden. Einmal enthalten die ausgewiesenen Privatinvestitionen auch die Investitionsausgaben halböffentlicher Organi-

---

[1] Die ungünstige Gestaltung der "terms of trade" wurde weniger durch die Erhöhung der Importpreise als vielmehr durch das Absinken der Exportpreise (für Kaffee und Baumwolle) ausgelöst.

[2] Die Brutto-Investition umfaßt die gesamten, während einer Periode getätigten Investitionsausgaben. Wird von dieser Größe die Höhe der Abschreibungen abgesetzt, so ergibt sich die Netto-Investition.

[3] Wenn hier und im folgenden von Investitionen gesprochen wird, so sind damit immer die Brutto-Investitionen gemeint.

sationen [1], und zum anderen wird ein Teil der privaten Investitionen nicht erhoben.

Infolge fehlender oder mangelhafter Informationen können die in ländlichen Gegenden vorgenommenen Bauinvestitionen der Afrikaner sowie die Investitionen bäuerlicher Betriebe für mehrjährige Kulturen nicht ermittelt werden. Die vernachlässigten Bauinvestitionen der Afrikaner betreffen die Ausgaben für den Bau von Hütten, seien es solche traditioneller Art wie auch verbesserten Stils [2]. Die wichtigste Komponente für mehrjährige Kulturen bilden die Investitionsausgaben bäuerlicher Betriebe für die Pflanzung und Melioration von Kaffee. Man nimmt an — ohne jedoch fundierte empirische Daten zu besitzen —, daß zwischen 1954 und 1959 rd. 24 Mill. £ von den bäuerlichen Kaffeebetrieben investiert worden sind.

Tabelle 8. Die öffentlichen und privaten Brutto-Investitionen Ugandas in Mill. £ bzw. in %

Periode		Öffentliche	Private Investitionen	Gesamte
1954	abs.	8,3	10,2	18,5
	%	45	55	100
1955	abs.	9,7	13,5	23,2
	%	42	58	100
1956	abs.	8,4	13,3	21,7
	%	39	61	100
1957	abs.	8,9	11,5	20,4
	%	44	56	100
1958	abs.	8,6	11,0	19,6
	%	44	56	100
1959	abs.	8,3	8,8	17,1
	%	49	51	100
1960	abs.	8,5	8,5	17,0
	%	50	50	100
1961	abs.	7,1	8,9	16,0
	%	44	56	100
1962	abs.	7,0	8,4	15,4
	%	45	55	100

Quelle: Uganda Government Ministry of Ec. Affairs, Background to the Budget 1963—64, Entebbe 1963, S. 4 und East African Statistical Department, The Gross Domestic Product of Uganda 1954—59, Entebbe, S. 26.

Gewöhnlich wird die Investition in Anlage- und Vorratsinvestition eingeteilt. Die Vorratsinvestition bildet dabei die Differenz zwischen dem

[1] So zählen beispielsweise die gesamten Investitionsausgaben der Uganda Development Corporation und der damit verflochtenen Gesellschaften sowie des Uganda Electricity Board zu den privaten Investitionen.

[2] Bei Eingeborenenhütten wird gewöhnlich zwischen Hütten im traditionellen und im verbesserten Stil — traditional and improved style — unterschieden. Im Gegensatz zu Hütten im traditionellen Stil zeichnen sich Hütten im verbesserten Stil durch folgende Merkmale aus: Wände aus Ziegeln, Boden und Decke aus Zement, ein mit Glas versehenes Fenster je Raum und eine Tür aus Holz.

Vorratsbestand am Anfang und dem am Ende der Periode. Eine Zunahme der Lagerbestände bedeutet eine positive, eine Abnahme eine negative Vorratsinvestition. Die in der Gesamtrechnung Ugandas ausgewiesene Brutto-Investition umfaßt lediglich *Anlageinvestitionen*. In Uganda gibt es keine Informationen über die Veränderungen der Vorratsbestände.

Tabelle 9. *Die Verwendung der Brutto-Investitionen Ugandas in Mill. £ bzw. in %*

Verwendung	1959		1960		1961	
	abs.	%	abs.	%	abs.	%
Bauten	9,6	56	8,9	52	8,0	50
Maschinen und maschinelle Anlagen .	5,9	35	5,6	33	6,7	42
Transportausrüstung .	1,6	9	2,5	15	1,3	8
Gesamte Investitionen .	17,1	100	17,0	100	16,0	100

Quelle: Uganda Government, Ministry of Economic Affairs, Background to the Budget 1963—1964, Entebbe 1963, S. 4.

Tab. 9 beschreibt die Verwendung der Investitionen, ihre Aufteilung auf Bauten, Maschinen und maschinelle Anlagen sowie Transportausrüstungen. Diese Unterteilung der Investition ist aus statistischen Gründen nur für den kurzen Zeitraum von 1959 mit 1961 möglich. Es zeigt sich sehr deutlich, daß während des Beobachtungszeitraums der *überwiegende Teil* der Investitionsausgaben für *Bauten* getätigt wurde. In jedem Jahr floß über die Hälfte der Investitionsausgaben diesem Verwendungszweck zu. An zweiter Stelle folgen die Investitionsausgaben für Maschinen und maschinelle Anlagen und an dritter Stelle schließlich die Investitionsausgaben für Transportausrüstungen, die relativ gering waren. Wie sich aus Tab. 10 ersehen läßt,

Tabelle 10. *Der Anteil der öffentlichen Hand und der Anteil der Privaten an den Investitionsausgaben für Bauten, Maschinen und maschinelle Anlagen in Uganda in Mill. £ bzw. in %*

Verwendung	1959		1960		1961	
	abs.	%	abs.	%	abs.	%
Bauten:						
öffentliche	7,1	74	7,1	80	6,0	75
private	2,5	26	1,8	20	2,0	25
insgesamt	9,6	100	8,9	100	8,0	100
Maschinen und maschinelle Anlagen:						
öffentliche	0,7	12	0,6	11	0,5	7
private	5,2	88	5,0	89	6,2	93
insgesamt	5,9	100	5,6	100	6,7	100

Quelle: Uganda Government, Ministry of Economic Affairs, Background to the Budget 1963—64, Entebbe 1963, S. 4.

wurden die Investitionen für Bauten großenteils von öffentlichen Investoren vorgenommen, während die Investitionsausgaben für Maschinen und maschinelle Anlagen vorwiegend von privater Seite bestritten wurden.

Der Anteil der Brutto-Investition am Brutto-Inlandsprodukt (zu Marktpreisen)[1] schwankte zwischen 10,9 % und 15,8 % (Tab. 11). In Wirklichkeit dürfte dieser Anteil jeweils größer gewesen sein, denn ein beträchtlicher Teil der Investitionen konnte nicht erfaßt werden[2]. Ein Vergleich der Investitionsquoten Ugandas mit denen anderer Entwicklungsländer ist wenig sinnvoll, weil unterschiedliche Begriffsabgrenzungen und Erhebungsmethoden die Vergleichbarkeit zu sehr stören.

Tabelle 11. *Der Anteil der Brutto-Investitionen Ugandas am Brutto-Inlandsprodukt zu Marktpreisen*

Vorgang	1954	1955	1956	1957	1958	1959
Brutto-Investition (Mill. £).	18,6	23,2	21,8	20,4	19,6	17,1
Brutto-Inlandsprodukt zu Marktpreisen (Mill. £). . .	134,3	147,2	148,2	154,2	155,2	157,9
Anteil der Brutto-Investition am Brutto-Inlandsprodukt zu Marktpreisen (%)	13,8	15,8	14,6	13,2	12,6	10,9

Quelle: East African Statistical Department, The Gross Domestic Product of Uganda 1954—1959, Entebbe 1961, S. 27.

C. Allgemeine Merkmale der Gesamtrechnung Ugandas

Seit 1950 wird in Uganda jährlich das Brutto-Inlandsprodukt berechnet. Die in den ersten Jahren verfolgte Systematik und die angewandten Schätzmethoden sind in der Veröffentlichung „The Geographical Income of Uganda" beschrieben[3]. Da sich in den folgenden Jahren die statistischen Grundlagen erheblich erweiterten und verbesserten, war es 1961 möglich, das Gesamtrechnungssystem auszubauen und die Schätzmethoden zu präzisieren[4]. Um eine längere Zeitreihe zu erlangen, hat man nachträglich auch für die zurückliegenden Jahre (ab 1954) das Brutto-Inlandsprodukt mit Hilfe der revidierten Methoden berechnet oder, soweit das infolge fehlender Informationen nicht möglich war, geschätzt. Starke Einflüsse auf das revi-

---

[1] Da die indirekten Steuern und Subventionen bekannt sind, konnte vom Brutto-Inlandsprodukt zu Faktorkosten das Brutto-Inlandsprodukt zu Marktpreisen abgeleitet werden.

[2] Siehe S. 38.

[3] Vgl. East African Statistical Department, Uganda Unit, The Geographical Income of Uganda 1950—1956, Entebbe 1957.

[4] Vgl. East African Statistical Department, Uganda Unit, The Gross Domestic Product of Uganda 1954—1959, Entebbe 1961.

dierte Gesamtrechnungssystem Ugandas gingen von den in Tanganjika durchgeführten Untersuchungen von A. T. Peacock und D. G. M. Dosser aus [1].

I. Bruttoprodukt

Für den *Verzicht auf die Ermittlung der Abschreibungen* und damit des Nettoprodukts in Uganda gibt man zwei Gründe an: Über die Höhe der Abschreibungen gebe es keine ausreichenden statistischen Unterlagen. Man sei daher gezwungen, sofern man das Nettoprodukt erfassen wolle, die Höhe der Abschreibungen auf grobe und somit unbefriedigende Weise zu schätzen. Die zweite Begründung geht noch weiter: Auch die in einigen Wirtschaftsbereichen abgegebenen Meldungen über die Höhe der in den betreffenden Firmen vorgenommenen Abschreibungen seien nicht mit den eigentlichen Abschreibungen, nämlich mit dem Wert des eingetretenen Verschleißes an Sachkapital identisch. Vielmehr sei die Höhe der vom Unternehmer genannten Abschreibungen von betriebspolitischen, insbesondere von steuerlichen Überlegungen bestimmt und gebe so den tatsächlichen wertmäßigen Verbrauch an Sachkapital nicht richtig wieder. Jeder Versuch, das Nettoprodukt über die Höhe der Abschreibungen vom Bruttoprodukt her zu erfassen, führe daher zu recht *unzuverlässigen* Ergebnissen.

In der Einleitung zur Gesamtrechnung der Föderation von Rhodesien und Njassaland für das Jahr 1962 wird zu diesem Problem bemerkt: „In the national accounts net product should be obtained by deducting the replacement value of capital consumed in the productive process. Countries in Africa have not got the information to enable them to produce estimates of capital consumption at replacement value, and accordingly it was recommended that the system of national accounts should be expressed ‚gross' or before deduction of capital consumption [2]."

Man könnte nun annehmen, daß man bei der Berechnung des Bruttoprodukts dem Problem der Abschreibungen völlig aus dem Weg geht. Ob das zutrifft oder nicht, hängt von der *Erhebungsmethode für das Bruttoprodukt* ab. Ermittelt man das Bruttoprodukt über die Entstehungs- oder Verwendungsseite, so wird in der Tat das Problem der Abschreibungen eliminiert. In Uganda jedoch erfaßt man das Bruttoprodukt in einigen Wirtschaftsbereichen — der bedeutendste darunter ist die Industrie — auf besondere Art und Weise von der Verteilungsseite her: Mit Hilfe der jährlich vorgenommenen Zählung der Arbeiter und Angestellten sowie der Einkommensteuerstatistik wird die Lohn- und Gewinnsumme, getrennt nach diesen beiden Einkommensarten, erhoben. Diese beiden Einkommensströme

---

[1] Vgl. Alan T. Peacock und Douglas G. M. Dosser, The National Income of Tanganyika 1952—1954, London 1958.

[2] Central Statistical Office, National Accounts of the Federation of Rhodesia and Nyasaland 1954—1962, Salisbury 1963, S. 1.

werden anschließend um die Höhe der geschätzten Abschreibungen vermehrt[1], um so zur Brutto-Wertschöpfung des betreffenden Sektors zu gelangen. Diese Größe ist also mit all den Problemen belastet, die sich aus der Schätzung der Abschreibungen ergeben.

Man könnte diesen Problemen dadurch aus dem Weg gehen, daß man mit Fragebogen die *Bruttogewinnsumme* (Gewinn plus Abschreibungen) erfaßt. Der Gewinn ist eine Residualgröße und besteht in der Differenz zwischen Aufwand und Ertrag. Werden zu hohe Abschreibungen veranschlagt, also Abschreibungen, die über den tatsächlichen wertmäßigen Verschleiß an Sachkapital hinausgehen, so wird der Gewinn entsprechend vermindert und umgekehrt. Der Bruttogewinn ist also eine erheblich eindeutigere Größe als eine der beiden Komponenten, Gewinn und Abschreibungen. Somit könnte man durch die Erfassung der Bruttogewinne als Grundlage für die Ermittlung der Brutto-Wertschöpfung das Problem der Abschreibungen eliminieren.

Da in den ostafrikanischen Entwicklungsländern vorwiegend das Bruttoprodukt errechnet wird, erscheint die Frage wichtig, ob man von den Wachstumsraten des Bruttoprodukts auf die des Nettoprodukts schließen kann, ob also die Veränderungsraten dieser beiden Größen parallel miteinander verlaufen.

Bezeichnen wir die Abschreibungen mit A und das Bruttoprodukt mit P^B, so lautet der Abschreibungskoeffizient:

$$a = \frac{A}{P^B} \cdot$$

Der Koeffizient a gibt an, wie hoch die Abschreibungen im Durchschnitt waren, um eine Einheit von P^B zu erzeugen. Bleibt a im Zeitablauf konstant, dann bleibt auch das Verhältnis von P^B zu P^N (Nettoprodukt) konstant, da ja P^N die Differenz zwischen P^B und A darstellt. Das bedeutet aber, daß die Veränderungsraten des Bruttoprodukts denen des Nettoprodukts gleich sind.

Nimmt a ab, so wird die Relation P^B zu P^N immer kleiner, was bedingt, daß die Veränderungsraten von P^N größer sind als die von P^B. Das Nettoprodukt wächst also schneller als das Bruttoprodukt. Das Gegenteil tritt ein, wenn a im Zeitablauf ansteigt. Das Wachstum des Nettoprodukts bleibt dann hinter dem des Bruttoprodukts zurück.

Welche Situation dürfte im Hinblick darauf in Entwicklungsländern vorliegen? Man geht in den Entwicklungsländern von einer sehr kapitalextensiven Produktionsweise zu einer mehr und mehr „kapitalintensiven" über. Der *Kapitalkoeffizient (k)*[2] nimmt von Periode zu Periode zu.

---

[1] Über das dabei angewandte Schätzverfahren siehe S. 58.

[2] Der Kapitalkoeffizient (k) ist definiert als $k = \frac{K}{P^B}$. (k) bezeichnet den im Durchschnitt eingesetzten Wert an Sachkapital (K), der notwendig war, um eine Einheit von P^B zu produzieren.

Unterstellt man, daß zwischen der Höhe der gesamten Abschreibungen (A) und dem Wert des eingesetzten Sachkapitals (K) ein proportionaler Zusammenhang besteht,

$$A = c \cdot K,$$

so zieht eine Erhöhung des Kapitalkoeffizienten (k) eine Erhöhung des Abschreibungskoeffizienten (a) nach sich. Daraus ergibt sich, daß bei Entwicklungsländern die Wachstumsraten des Nettoprodukts geringer sind als die des Bruttoprodukts. Orientiert man sich, um das wirtschaftliche Wachstum eines Entwicklungslandes zu kennzeichnen, an den Wachstumsraten des Bruttoprodukts, so wird man die wirtschaftliche Entwicklung des Landes etwas zu optimistisch einschätzen.

II. Inlandsprodukt

Für die wirtschaftliche Analyse eines Entwicklungslandes ist es sehr wichtig, zwischen Inlandsprodukt und Inländerprodukt zu unterscheiden. Das Inlandsprodukt ist die Gesamtheit der von inländischen Unternehmen geschaffenen Einkommen. In Gegensatz dazu bezeichnet das Inländerprodukt das Einkommen, welches heimischen Produktionsfaktoren zugeflossen ist. Diese beiden Begriffe unterscheiden sich in zwei Punkten: Ein Teil des in heimischen Unternehmen erzeugten Einkommens fließt Ausländern zu, und ein Teil des von Inländern erzielten Einkommens stammt vom Ausland. Das Inländerprodukt ist also gleich dem Inlandsprodukt plus dem Einkommen der Inländer vom Ausland minus dem Einkommen der Ausländer vom Inland. Gewöhnlich strömt aus Entwicklungsländern ein relativ großer Teil des im Inland geschaffenen Einkommens an ausländische Produktionsfaktoren ab; dagegen fließt nur in geringem Umfang Einkommen, das im Ausland entstand, heimischen Produktionsfaktoren zu. Somit wird das Inländerprodukt in Entwicklungsländern gewöhnlich spürbar unter dem Inlandsprodukt liegen. In der früheren Föderation von Rhodesien und Njassaland betrug diese Differenz im Jahre 1962 rd. 45 Mill. £, was — gemessen am Brutto-Inlandsprodukt zu Faktorkosten — gut 8 % ausmachte[1].

Wie in Kenya und Tanganyika wird in Uganda nur das Inlandsprodukt berechnet. Da über das Einkommen der Inländer vom Ausland und über das Einkommen der Ausländer vom Inland keine Angaben zur Verfügung stehen, kann man vom Inlandsprodukt ausgehend nicht auf das Inländerprodukt schließen. Grundsätzlich kann das Inländerprodukt dem Inlandsprodukt gleich oder größer bzw. kleiner als dieses sein. In einem Entwicklungsland, in dem gewöhnlich relativ viel ausländische Produktionsfaktoren tätig sind, wird das Inländerprodukt in der Regel geringer als das Inlandsprodukt sein.

---

[1] Vgl. Central Statistical Office, National Accounts of the Federation of Rhodesia and Nyasaland 1954—1962, Salisbury 1963, S. 1.

Uganda, Kenya und Tanganyika bilden eine Zollunion. Die Zahlungsbilanz wird global für das gesamte Gebiet der Zollunion [1] erstellt und nicht getrennt für die einzelnen Länder. Man kennt den Umfang des Einkommens, der von der Zollunion ins Ausland strömt und umgekehrt; man kann somit ohne Schwierigkeiten das Inlandsprodukt der Zollunion in das Inländerprodukt der Zollunion umwandeln. Für die einzelnen Mitgliedsländer jedoch liegen die entsprechenden Informationen nicht vor, so daß man für Uganda, Kenya und Tanganyika das Inländerprodukt nicht ermitteln kann.

III. Abgrenzung des Begriffes „Produktion"

Das Brutto-Inlandsprodukt eines Landes bildet die Differenz zwischen dem Wert der gesamten Produktion und dem Wert der gesamten für die Produktion notwendigen Vorleistungen. Als Produktion im Sinne der Gesamtrechnung gilt jedoch nicht jede Gütererzeugung. So werden etwa bei den bestehenden Gesamtrechnungssystemen die *Dienstleistungen der Ehefrau* im Rahmen des Haushalts nicht zur Produktion gerechnet.

Die Vereinten Nationen (UN) schlugen folgende Definition des Begriffs „Produktion" vor [2]: „In the case of primary producers, that is those engaged in agriculture, forestry, hunting, fishing, mining and quarrying, all primary production whether exchanged or not and all other goods and services produced and exchanged are included in the total of production. In the case of other producers, that is, those engaged in all other industries listed in the International Standard Industrial Classification, the total of their primary production is included as for primary producers. In addition there is included the total of their other production which is exchanged together with the unexchanged part of their production in their own trade. As a result of these rules there is omitted from production the net amount of all non-primary production performed by producers outside their own trades and consumed by themselves. Non-primary production may be defined broadly as the transformation and distribution of tangible commodities as well as the rendering of services."

Bei dieser Definition, die der Gesamtrechnung Ugandas zugrunde liegt, wird ein — im Hinblick auf Entwicklungsländer — großer Teil der Gütererzeugung [3] nicht zur Produktion gezählt und somit nicht in das Volkseinkommen einbezogen. Im einzelnen handelt es sich dabei um folgende Arten der Gütererzeugung:

1. Bau von Hütten (für den Eigengebrauch)
2. Vom Eigentümer selbst vorgenommene Bodenmeliorationen

---

[1] Die Zahlungsbilanz für die Zollunion wird von der East African Common Services Organization, Nairobi, herausgegeben.

[2] U. N., A System of National Accounts and Supporting Tables, chapter II.

[3] Der Begriff „Gütererzeugung" — im hier verwendeten Sinn — umfaßt die Bereitstellung sowohl von Waren als auch von Dienstleistungen.

3. Handels-, Transport- und Lagerleistungen

4. Veredelung von Rohprodukten im Rahmen des Haushalts (das Mahlen des Getreides, das Backen von Brot usw.)

5. Sammeln von Feuerholz

6. Tragen von Wasser.

Der größte Teil dieser Dienstleistungen, die in Entwicklungsländern im Rahmen der Haushalte verrichtet werden, wird in entwickelten Volkswirtschaften über den *Markt* erbracht und geht somit in entwickelten Volkswirtschaften in das Volkseinkommen ein. Allein deshalb — von anderen Gründen abgesehen — ist es sehr problematisch, das Pro-Kopf-Einkommen eines Entwicklungslandes mit dem einer entwickelten Volkswirtschaft zu vergleichen [1]. Bei einer solchen Gegenüberstellung wird die ökonomische Aktivität des Entwicklungslandes (im Vergleich zu der des entwickelten Landes) unterschätzt.

Auf einer 1960 von der Economic Commission for Africa (ECA) veranstalteten Expertentagung wurde angeregt, daß man zur Produktion die Erzeugung all jener Güter und Dienstleistungen rechnen solle, die in einer entwickelten Wirtschaft *nur gegen Geld* erlangt werden können. „For countries which adopt this extension of coverage the production boundary might be defined generally to include goods and services which are exchanged for money and goods and services produced within the household, whether for exchange or for own consumption, which are analogous with those normally produced by enterprises and which, in the money economy, could only be obtained in exchange for money [2].“

Zumindest sollten — nach den Empfehlungen der Expertengruppe — neben der Marktproduktion die Erzeugung folgender Güter und die Erstellung folgender Dienstleistungen zur Produktion gezählt und von der Volkseinkommensberechnung erfaßt werden:

1. die für den Eigengebrauch bestimmten Erzeugnisse der Land- und Forstwirtschaft sowie des Fischfangs

2. die für den Selbstgebrauch erstellten Bauten und die vom Bodenbenutzer selbst vorgenommenen Bodenmeliorationen.

Besonders große Schwierigkeiten bereitet die Erfassung folgender Dienstleistungen:

1. Weiterverarbeitung von landwirtschaftlichen Erzeugnissen zu Nahrungsmitteln, die der Selbstversorgung dienen (Getreide zu Mehl usw.)

2. Transport und Lagerung von selbst verbrauchten Gütern

3. Transport, Lagerung und Handel von natural ausgetauschten Gütern.

---

[1] Das gilt natürlich nur für solche Entwicklungsländer, die — ebenso wie Uganda — die oben beschriebene Definition des Begriffs „Produktion“ anwenden.

[2] ECA, Report of the Working Group on the Treatment of Non-Monetary (Subsistance) Transactions within the Framework of National Accounts, Addis Abeba 1960, S. 3.

Auf der ebenfalls von der ECA angeregten Expertentagung im Frühjahr 1963 wurde folgende Methode zur Erfassung der erwähnten Dienstleistungen empfohlen: Man bewertet die in Frage kommenden Warenmengen einmal mit dem Produzentenpreis und zum anderen mit dem Einzelhandelspreis[1]. Die Rohprodukte werden mit dem Produzentenpreis bewertet, die entsprechenden veredelten Produkte mit dem Einzelhandelspreis. Die Differenz zwischen den beiden Wertgrößen wird als Wert der oben aufgezählten Dienstleistungen interpretiert: „The Working Group recommended that the imputed services could be measured as the difference between the value of processed agricultural produce valued at retail prices ruling in markets near to the main producing areas and the value of unprocessed produce valued at producer prices[2]."

Nach der von der ECA vorgeschlagenen Methode werden die vom Produzenten selbst verbrauchten oder natural getauschten Güter ebenso behandelt wie jene, die auf den Markt gelangen und in die Geldwirtschaft abströmen. In Wirklichkeit erfordern jedoch selbstverbrauchte Güter erheblich weniger Distributionsleistungen als Marktgüter. Infolgedessen dürfte die oben beschriebene Methode zu einer erheblichen Überschätzung des Wertes der Dienstleistungen führen. Andererseits erweist sich diese Methode — wie wir noch begründen werden — als vorteilhaft für *interregionale Wohlstandsvergleiche*.

Die anschließenden Überlegungen beruhen auf folgenden Annahmen:

1. Es gibt nur ein einziges Gut (A).
2. Der Produzentenpreis für das Gut A beträgt 5, der Einzelhandelspreis 10.
3. Das durchschnittliche, jährliche Einkommen der Lohnarbeiter ist 1000.
4. Der Lohnarbeiter kann das Gut A nur zum Einzelhandelspreis erwerben.
5. Der durchschnittliche, jährliche Ernteertrag pro Kopf der für den Selbstverbrauch produzierenden Bauern beträgt 100 Einheiten des Gutes A.

Steht dem Lohnarbeiter und dem in der Selbstversorgungswirtschaft Tätigen im Durchschnitt die gleiche Menge des Gutes A zur Verfügung, so sprechen wir von *indifferentem Versorgungsniveau* der beiden Gruppen. Kann der Lohnarbeiter (im Durchschnitt) für sein Einkommen mehr Güter (A) erwerben als der Selbstversorger (im Durchschnitt) erntet, so befindet sich der Lohnarbeiter auf einem höheren Versorgungsniveau als der Selbstversorger und umgekehrt.

Im vorliegenden Beispiel kann der Lohnarbeiter, der 1000 verdient und gezwungen ist, zum Einzelhandelspreis zu kaufen, 100 Einheiten des Gutes A erwerben. Da der Selbstversorger 100 Einheiten des Gutes A erntet, sind die Versorgungsniveaus der beiden indifferent. Wie verhält es sich aber nun mit dem Pro-Kopf-Einkommen der beiden Gruppen? Bewertet man den Selbstverbrauch mit dem Einzelhandelspreis (10), so ergibt sich ein Pro-Kopf-Einkommen des Selbstversorgers von 1000,

---

[1] Sowohl beim Produzenten- als auch beim Einzelhandelspreis handelt es sich um fiktive Größen, da die betreffenden Waren nicht verkauft wurden, sondern dem Selbstverbrauch dienten oder natural ausgetauscht wurden. Zur Frage, wie man diese fiktiven Preise gewinnt, siehe S. 49.

[2] ECA, Report of the Working Group on the Adaption of the United System of National Accounts for Use in Africa, Addis Abeba 1963, S. 18.

das dem des Lohnarbeiters gleich ist. Wenn man jedoch zur Bewertung den Produzentenpreis heranzieht — wie das in den meisten Ländern Ostafrikas der Fall ist —, erhält man ein Pro-Kopf-Einkommen der Selbstversorger von 500. Dieses Pro-Kopf-Einkommen ist halb so hoch wie das des Lohnarbeiters, obgleich die Versorgungsniveaus der beiden Gruppen indifferent sind.

Das Pro-Kopf-Einkommen ist also nur dann für *Wohlstandsvergleiche* [1] geeignet, wenn zur Bewertung der für den Selbstverbrauch bestimmten Produkte die Einzelhandelspreise herangezogen werden. Bedient man sich dagegen der Produzentenpreise — was überwiegend geschieht —, so wird bei einem Vergleich der Pro-Kopf-Einkommen das Versorgungsniveau der Selbstversorger erheblich unterschätzt.

IV. Sektorenbildung

Innerhalb der Gesamtrechnung werden gewöhnlich vier Sektoren unterschieden:

1. Haushalte
2. Unternehmen
3. Staat
4. Rest der Welt

Auf den Konten der volkswirtschaftlichen Gesamtrechnung werden grundsätzlich die zwischen den Sektoren stattfindenden Transaktionen (intersektorale Transaktionen) festgehalten, während die zwischen den Wirtschaftseinheiten des gleichen Sektors ausgelösten Transaktionen (intrasektorale Transaktionen) nicht in Erscheinung treten. Durch diesen Verzicht gehen wertvolle Einblicke in den Wirtschaftsablauf verloren. Infolgedessen haben verschiedene Länder den Versuch unternommen, die intrasektoralen Transaktionen des Sektors „Unternehmen" durch Input-Output-Tabellen sichtbar zu machen.

In keinem der hier behandelten ostafrikanischen Länder gab es bisher eine geschlossene Input-Output-Analyse. Ansatzpunkte in dieser Richtung findet man nur in der ehemaligen Föderation von Rhodesien und Njassaland sowie im Sudan. In diesen beiden Gebieten wurden für schmale Teilbereiche der Volkswirtschaft Input-Output-Analysen durchgeführt.

In den Gesamtrechnungen der Entwicklungsländer wird das Sozialprodukt gewöhnlich in den Beitrag des Geldsektors (monetary sector) und in den des Subsistenzsektors (subsistence or non-monetary sector) aufgeteilt. Im folgenden werden diese beiden Begriffe erläutert.

Die von einem Wirtschaftssubjekt erzeugten Güter können von diesem selbst verbraucht oder auf den Markt gebracht und dort veräußert werden. Die auf den Markt gelangenden Güter können unmittelbar gegen andere

---

[1] Der Begriff „Wohlstand" im hier verwendeten Sinn ist identisch mit dem Begriff „Versorgungslage" bzw. „Versorgungsniveau".

Güter ausgetauscht oder gegen Geld abgesetzt werden. Demzufolge kann man zwei bzw. drei Wirtschaftsformen unterscheiden:

1. Selbstversorgungswirtschaft
2. Tauschwirtschaft } = Subsistenzsektor
   a) Naturaltauschwirtschaft
   b) Geldtauschwirtschaft   = Geldsektor

Der Subsistenzsektor umfaßt die Selbstversorgungswirtschaft und die Naturaltauschwirtschaft, während sich der Geldsektor mit der Geldtauschwirtschaft deckt.

Diese Terminologie, nach der die Gesamtrechnung Ugandas und der übrigen hier angesprochenen Entwicklungsländer ausgerichtet ist, wird in der Literatur nicht einheitlich gebraucht. Gelegentlich wird dort unter Subsistenzsektor nur die Selbstversorgungswirtschaft verstanden, während die Naturaltauschwirtschaft und die Geldtauschwirtschaft zum Marktsektor zusammengefaßt werden. Das Begriffspaar lautet dann: *Subsistenzsektor* und *Marktsektor*.

Ein Wirtschaftssubjekt, das einen Teil der erzeugten Güter selbst verbraucht und den Rest gegen Geld veräußert, leistet einen entsprechenden Beitrag für den Subsistenzsektor und einen entsprechenden Beitrag für den Geldsektor. Die Begriffe Subsistenz- und Geldsektor sind also nicht institutionell, sondern rein *funktionell* zu verstehen.

Häufig begegnet man in Veröffentlichungen auch dem Begriffspaar traditioneller und moderner Wirtschaftssektor. Diese Terminologie stellt auf die Produktionsmethode ab. So umschließt der traditionelle Wirtschaftssektor sämtliche Wirtschaftseinheiten, deren Wirtschaftsprozeß auf den überkommenen und primitiven Produktionsmethoden beruht, während im modernen Sektor fortgeschrittene und zeitgemäße Produktionsmethoden Anwendung finden. Die Begriffspaare traditioneller und moderner Sektor sowie Subsistenz- und Geldsektor unterscheiden sich also definitorisch insofern, als für das eine der Stand der Produktionsmethode, für das andere die Form des Güteraustausches maßgebend ist. Praktisch decken sie sich weitgehend. Die mit primitiven Methoden der einheimischen Bevölkerung erstellten Güter werden größtenteils selbst verbraucht oder natural getauscht, während die mit Hilfe moderner Produktionstechniken erzeugten Güter (Plantagenwirtschaft, Industrie usw.) überwiegend gegen Geld veräußert werden.

Die *Unterscheidung zwischen Subsistenzsektor und Geldsektor* ist für die volkswirtschaftliche Gesamtrechnung aus praktischen und aus theoretischen Gründen wichtig. Über die wirtschaftliche Aktivität des Subsistenzsektors liegen in der Regel nur sehr lückenhafte oder überhaupt keine Informationen vor. Man ist gezwungen, sich überwiegend mit mehr oder weniger vagen Schätzmethoden zu behelfen, was notwendig zu fragwürdigen

Ergebnissen führt. Demgegenüber gibt es über die wirtschaftliche Aktivität des Geldsektors eine Reihe statistischer Informationen, so daß man in diesem Bereich mit weit weniger Schätzungen als im Subsistenzsektor auskommt.

Ein anderer erheblicher Unterschied zwischen dem Geldsektor und dem Subsistenzsektor ist theoretischer Art und betrifft die Bewertung der erzeugten Gütermenge. Im Geldsektor gibt es einen Markt und einen Marktpreis und damit einen brauchbaren Bewertungsfaktor für die Marktproduktion. Im Subsistenzsektor dagegen, soweit es sich um die Selbstversorgungswirtschaft handelt, besteht ex definitione weder ein Markt noch ein Marktpreis. Bei der Naturaltauschwirtschaft gibt es zwar einen Markt, aber keinen Marktpreis, sondern nur eine Vielzahl von Tauschrelationen. Unter diesen Umständen ist es sehr schwierig, einen theoretisch haltbaren Bewertungsmaßstab zu finden.

Üblicherweise gehört die von einer bestimmten Güterart produzierte Menge nicht ausschließlich in den Subsistenzsektor, sondern ein Teil der produzierten Menge wird gegen Geld veräußert. Der dabei erzielte Durchschnittspreis dient als *Bewertungsfaktor* auch für jenen Teil der produzierten Menge, der nicht gegen Geld umgesetzt wird. Dieses Vorgehen ist nur dann berechtigt, wenn man annehmen darf, daß die mengenmäßige Subsistenzproduktion, sofern sie auf den Markt gelangt wäre, zu dem erwähnten Durchschnittspreis hätte abgesetzt werden können.

Gelegentlich kommt es jedoch vor, daß bestimmte Erzeugnisse der traditionellen Wirtschaft ausschließlich zur Subsistenzproduktion gehören und nicht die geringsten Mengen davon gegen Geld veräußert werden. In diesen Fällen zieht man zur Bewertung der Subsistenzproduktion die Marktpreise solcher Güter heran, die mit den Subsistenzerzeugnissen in etwa vergleichbar sind.

V. Einkommensströme

In der Gesamtrechnung werden zwei Typen von Einkommen unterschieden: Faktoreinkommen und Transfereinkommen. Die *Faktoreinkommen* bilden die Gesamtheit jener Einkommen, die für die Nutzung der Produktionsfaktoren Arbeit, Boden, Kapital und Unternehmerleistung bezahlt werden. Die *Transfereinkommen* dagegen gehen nicht auf die Nutzung von Produktionsfaktoren zurück, sondern werden aus dem Faktoreinkommen bestritten und führen so eine Änderung der ursprünglichen personellen Verteilung der Faktoreinkommen herbei. Zu den Transfereinkommen gehören also Steuern, Unterstützungen, Geschenke usw.

Die ECA schlug vor, lediglich zwei Typen von Faktoreinkommen in der Gesamtrechnung zu unterscheiden: Löhne bzw. Gehälter und Unternehmereinkommen. Da das Unternehmereinkommen als Differenz zwischen Aufwand und Erlös vor Empfang und vor Abzug von Zinsen, Dividenden und Mieten definiert wird, sind diese Einkommensströme im Unternehmereinkommen enthalten. Soweit Zinsen, Dividenden und Mieten in der Gesamtrechnung in Erscheinung treten, werden sie als Transfereinkommen behandelt. In den Empfehlungen der ECA heißt es: „The group recommends that no attempt should be made to distribute domestic product among more than two types of income: wages and salaries and income from enterprises[1].“ Und an anderer Stelle: „The group concluded that it was not merely the simplest solution but also the most logical to treat payments of rents, dividends and interest as transfer between appropriate accounts[2].“

Diesem Vorschlag hat sich Uganda bisher nur teilweise angeschlossen. Zwar werden die Zinsen und Dividenden als Transfereinkommen betrachtet, aber die *Mieten* gelten als Faktoreinkommen. Logischerweise wird das Unternehmereinkommen dann definiert als Differenz zwischen Aufwand und Ertrag vor Empfang und Abzug von Zinsen und Dividenden, jedoch nach Abzug und Empfang von Mieten. Demnach werden in der Gesamtrechnung Ugandas drei Typen von Faktoreinkommen unterschieden:

1. Löhne und Gehälter

2. Mieten

3. Unternehmereinkommen.

Der in der Gesamtrechnung Ugandas verwendete Begriff des Unternehmereinkommens, auch als „Gewinn“ bezeichnet, zieht sehr wichtige Konsequenzen nach sich, die vor allen Dingen den *Banksektor* betreffen. So wird nämlich, wie sich gleich zeigt, infolge dieser Terminologie der „Gewinn“ des Banksektors gewöhnlich einen negativen Wert annehmen.

Das für den Banksektor typische Geschäft besteht darin, Kredite aufzunehmen und sie an Dritte weiterzugeben. Aus der Differenz zwischen Soll- und Haben-Zinsen wird der Aufwand bestritten, und der verbleibende Rest — in der Regel positiv — ergibt den Unternehmergewinn. Angenommen, die einzigen Erträge des Banksektors seien Zinsen für ausgegebene Kredite und die einzigen Aufwandposten Löhne und Mieten. Dann könnte das Aufwands- und Ertragskonto des Banksektors folgendermaßen aussehen:

Aufwands- und Ertragskonto

Z^s	800	Z^h	1000
L	100		
M	50		
Q	50		
	1000		1000

Zeichenerklärung:

Z^s: Sollzinsen	Z^h: Habenzinsen (einschl. Gebühren)
L: Löhne	M: Miete
Q: Unternehmergewinn.	

---

[1] ECA, Report of the Working Group on the Adaption of the United Nations System of National Accounts for Use in Africa, Addis Abeba 1962, S. 8.

[2] Ebenda.

Dem Banksektor flossen während der Periode Zinsen in Höhe von 1000 zu, andererseits strömten Zinsen in Höhe von 800 vom Banksektor ab. Die Löhne betrugen 100, die Mieten 50, und als Differenz zwischen Aufwand und Ertrag (Unternehmergewinn) ergibt sich somit ebenfalls 50.

Nach der in der Gesamtrechnung Ugandas benutzten Terminologie errechnet sich für den Banksektor in diesem Falle ein Verlust in Höhe von 150. Da der Gewinn vor Empfang und vor Abzug von Zinsen ermittelt wird, gelten die Zinseinnahmen des Banksektors (1000) nicht als Erträge und die Zinszahlungen des Banksektors (800) nicht als Aufwand. Die Erlöse werden demzufolge in dem hier erörterten Beispiel gleich Null, und als Aufwandposten treten die vom Banksektor bezahlten Mieten (50) und Löhne (100) in Erscheinung.

Dieses Beispiel zeigt, daß die Gewinne im Sinne der Gesamtrechnung Ugandas keineswegs mit dem eigentlichen Unternehmergewinn übereinstimmen. So belaufen sich die — so errechneten — „Gewinne" des Banksektors auf —150, während der Unternehmergewinn in Wirklichkeit 50 beträgt. Die Ermittlung des gesamten Volkseinkommens wird dadurch nicht gestört, denn in anderen Sektoren, die vom Banksektor Kredite aufnehmen und Zinsen an diesen Sektor abführen, werden die Gewinne entsprechend über dem tatsächlichen Unternehmergewinn liegen. Schwierigkeiten treten jedoch auf, wenn man das Volkseinkommen nach den Beiträgen der einzelnen Sektoren aufgliedert.

Der Beitrag eines Sektors zum Volkseinkommen *(Wertschöpfung)* besteht aus der Summe der in dem betreffenden Sektor geschaffenen Faktoreinkommen. Nach der in der Gesamtrechnung Ugandas angewandten Terminologie gehören zu den Faktoreinkommen die Löhne bzw. Gehälter, die Mieten sowie die Gewinne. Demzufolge ergibt sich für den Banksektor ein Beitrag zum Volkseinkommen in Höhe von Null — Löhne (100)+ Mieten (50)+Gewinne (—150)=0 —, der erheblich unter dem tatsächlichen Beitrag dieses Sektors liegt.

Auf der bei der ECA 1962 veranstalteten Expertentagung wurde u. a. auch dieses Problem behandelt. Man argumentierte, aus *erhebungstechnischen* Gründen sei es nicht möglich, den Begriff Gewinn auf den eigentlichen Unternehmergewinn zu beschränken. Um Irrtümer auszuschalten, sei es jedoch angebracht, der Gesamtrechnung für den Banksektor als Ergänzung ein zweites Konto beizufügen, aus dem der tatsächliche Beitrag dieses Sektors zum Volkseinkommen zu ersehen sei [1].

VI. Erhebungsmethoden

Das Volkseinkommen kann an verschiedenen Punkten des Kreislaufsystems gemessen werden. Je nachdem, an welcher Stelle man die Breite des Einkommensstromes mißt, hat man drei Erhebungsmethoden zu unterscheiden:

1. Die Erhebung von der Entstehungsseite (subtraktive Methode)

[1] ECA, Report of the Working Group on the Adaption of the United Nation System of National Accounts for Use in Africa, Addis Abeba, 1962, S. 21.

2. Die Erhebung von der Verteilungsseite (additive Methode)

3. Die Erhebung von der Verwendungsseite.

In Uganda werden für die verschiedenen volkswirtschaftlichen Bereiche auch verschiedene Erhebungsmethoden angewandt. Das in der Subsistenzproduktion geschaffene Einkommen wird mit Hilfe der dritten Methode geschätzt, also von der Verwendungsseite her. Das Einkommen der afrikanischen landwirtschaftlichen Betriebe (ohne Subsistenzproduktion) wird von der Entstehungsseite her ermittelt. In allen übrigen Fällen (afrikanische Unternehmen nichtlandwirtschaftlicher Art, Körperschaften, nichtafrikanische Unternehmen, öffentliche Verwaltung) bedient man sich der zweiten Methode, d. h. man erhebt das Einkommen von der Verteilungsseite her.

Um die Genauigkeit der Gesamtrechnungsergebnisse zu überprüfen, ist es vorteilhaft, wenn das gesamte Volkseinkommen nach zwei oder gar drei Erhebungsmethoden erfaßt wird. Stimmen die mit unterschiedlichen Methoden erzielten Ergebnisse gut miteinander überein, so spricht nichts dagegen, den Ergebnissen zu vertrauen. In Uganda ist geplant, die landwirtschaftliche Subsistenzproduktion, die bisher größtenteils von der Verbrauchsseite her erfaßt worden ist, daneben auch von der Produktionsseite her zu ermitteln. Man erwartet, über die Erhebung der bebauten Flächen und der durchschnittlichen Ernteerträge pro Flächeneinheit genauere Vorstellungen über die Subsistenzproduktion zu erhalten als bisher. Außerdem ist es dann auch möglich, die Ergebnisse der beiden unabhängigen Schätzungen (Entstehungsseite und Verwendungsseite) miteinander zu vergleichen und sie so auf ihre Zuverlässigkeit hin zu überprüfen.

D. Methoden zur Ermittlung des Brutto-Inlandsprodukts

Das Brutto-Inlandsprodukt setzt sich aus der Brutto-Wertschöpfung des monetären und der des nichtmonetären Sektors zusammen. Die in diesen beiden Bereichen benutzten Methoden zur Erhebung der Brutto-Wertschöpfung sind sehr unterschiedlich. Während man sich im monetären Sektor auf *statistisch gewonnene Informationen* stützen kann, ist man im nichtmonetären Bereich weitgehend auf *Schätzungen* angewiesen.

I. Methoden zur Ermittlung der Brutto-Wertschöpfung des monetären Sektors (Geldsektors)

Bei der Erfassung der Brutto-Wertschöpfung des Geldsektors wird dieser Sektor wie folgt aufgespalten:

1. Afrikanische landwirtschaftliche Unternehmen

2. Afrikanische nichtlandwirtschaftliche Unternehmen

3. Behörden, Körperschaften und nichtafrikanische Unternehmen.

Die Erhebungsmethoden, die in diesen drei Bereichen angewandt werden, sind auf Grund unterschiedlicher Informationsquellen verschieden: Ein wesentlicher Unterschied besteht darin, daß zur Errechnung der Brutto-Wertschöpfung der afrikanischen landwirtschaftlichen Unternehmen grundsätzlich die subtraktive Methode angewandt wird, in den anderen Fällen dagegen grundsätzlich die additive Methode [1].

1. Ermittlung der Brutto-Wertschöpfung afrikanischer landwirtschaftlicher Unternehmen

Wie erwähnt, wird die Brutto-Wertschöpfung der afrikanischen Landwirtschaft mit Hilfe der subtraktiven Methode ermittelt. Sieht man von Subventionen und indirekten Steuern ab, was für diesen Bereich berechtigt ist, so ergibt sich die Brutto-Wertschöpfung aus der *Differenz* zwischen der Summe der von anderen Sektoren empfangenen Erlöse und dem Wert der von anderen Sektoren bezogenen Vorleistungen.

Die Einnahmen, die der afrikanischen Landwirtschaft in Form von Verkaufserlösen zufließen, werden getrennt nach Gütergruppen ermittelt. Bei der Erfassung der Vorleistungen dagegen ist eine solche Einteilung nicht möglich; die entsprechenden Informationen sind mangelhaft oder fehlen ganz. So ist man gezwungen, die Vorleistungen für den monetären Sektor der afrikanischen Landwirtschaft in der Gesamtsumme zu schätzen.

a) Schätzung der Einnahmen

Die von der afrikanischen Landwirtschaft auf dem Markt abgesetzten Güter können im Falle Ugandas in vier Gruppen eingeteilt werden:

1. Bodenfrüchte
2. Fleisch, Felle und Häute
3. Milch
4. Bier.

Die gesamten Einnahmen der afrikanischen Landwirtschaft aus dem Verkauf von Gütern der genannten vier Güterarten betrugen 1959 rd. 46 Mill. £. Etwa 33 Mill. £ wurden durch den Verkauf von Bodenfrüchten erlöst, etwa 6 Mill. £ durch den Verkauf von Fleisch, Fellen und Häuten, ebenfalls etwa 6 Mill. £ durch den Verkauf von Bier und etwa 2 Mill. £ durch den Verkauf von Milch.

α) Einnahmen aus den Verkäufen von Bodenfrüchten

Bestimmte Arten von Bodenfrüchten (Baumwolle und Kaffee) dürfen nicht frei, sondern nur über die *Boards* verkauft werden (kontrollierte Güter). Die Einnahmen aus den Verkäufen der kontrollierten Güter können den Aufzeichnungen der Boards entnommen werden. Sie setzen sich aus den Bezahlungen der Boards an die Pflanzer von Baumwolle und Kaffee, aus

---

[1] Vgl. S. 51 ff.

dem Überschuß oder Defizit des Boards, aus der Exportsteuer und dem Baumwollbonus zusammen.

Bei der Baumwolle und beim Kaffee wird die *Exportsteuer* zum Bruttowert gerechnet. Man behandelt diese Abgabe ebenso wie eine direkte Steuer, obgleich sie von der steuerrechtlichen Konstruktion her eindeutig als indirekte Steuer zu werten ist. Ökonomisch betrachtet, dürfte sie jedoch tatsächlich den Charakter einer direkten und keineswegs den einer indirekten Steuer haben.

Man nimmt von den indirekten Steuern an, daß sie über Preiserhöhungen auf den Verkäufer abgewälzt werden können. Die direkten Steuern dagegen, so unterstellt man, würden aus dem Einkommen des Steuerpflichtigen bestritten. Geht man von dieser Charakterisierung aus, so ist die Exportsteuer aus folgendem Grund eindeutig als direkte Steuer zu werten: Der Weltmarktpreis für Baumwolle und Kaffee ist für Uganda ein Datum. Veränderte Dispositionen der inländischen Pflanzer können den Weltmarktpreis keineswegs beeinflussen, da der Marktanteil Ugandas am Weltangebot gering ist. Infolgedessen besteht für den Pflanzer in Uganda nicht die geringste Chance, die Exportsteuer auf den Abnehmer abzuwälzen; vielmehr wird er gezwungen sein, diese Belastung selbst zu tragen. So gesehen, belastet die Exportsteuer das Einkommen des Pflanzers und bildet so im ökonomischen Sinne eine direkte Steuer.

Die statistischen Meldungen der Boards dürften im hohen Maße zuverlässig sein. Es ist nicht damit zu rechnen, daß die kontrollierten Güter auch an andere Abnehmer als an die Boards verkauft werden. Und an den Aufzeichnungen der Boards ist ebenfalls nicht zu zweifeln. Somit können die Einnahmen aus dem Verkauf von kontrollierten Gütern ziemlich genau ermittelt werden.

Im Jahre 1959 betrugen die Einnahmen aus den Verkäufen von Kaffee 11,6 Mill. £ und aus den Verkäufen von Baumwolle 15,2 Mill. £, zusammen also 27,5 Mill. £. Insgesamt wurden aus den Verkäufen von Bodenfrüchten, worauf schon hingewiesen wurde, rd. 33 Mill. £ erlöst. Von den gesamten Einnahmen aus dem Verkauf von Bodenfrüchten stammten also nicht weniger als etwa 83 % aus dem Verkauf von Baumwolle und Kaffee.

Informationen über die von Uganda exportierten Mengen von Agrarerzeugnissen liefert die *Außenhandelsstatistik.* Soweit es sich bei den Exporten um Kaffee und Baumwolle handelt, bleiben sie außer Betracht, da die Umsätze von Kaffee und Baumwolle mit Hilfe der Aufzeichnungen der Boards ermittelt werden. Die in der Außenhandelsstatistik verzeichneten Mengen an Agrarexporten werden mit den entsprechenden Produzentenpreisen gewichtet. Das Produkt aus exportierter Menge und Preis bildet den Gesamterlös aus der Exportproduktion von landwirtschaftlichen Erzeugnissen. Da die Exporte von Baumwolle und Kaffee in dieser Gruppe nicht enthalten sind, ist der Wert der Erzeugnisse, die von der afrikanischen

Landwirtschaft exportiert werden, verhältnismäßig gering. 1959 betrug er gut 0,5 Mill. ₤.

Zu den wichtigsten übrigen Verkäufen von Bodenfrüchten der afrikanischen Landwirtschaft gehören die Verkäufe an inländische afrikanische und inländische nichtafrikanische Haushalte. Die Einnahmen aus diesen Verkäufen werden von der Verbrauchsseite her ermittelt. Mit Hilfe der 1959 durchgeführten *Verbrauchserhebungen* wird der durchschnittliche mengenmäßige Verbrauch an Bodenfrüchten pro Kopf geschätzt. Daneben wird — ebenfalls auf Grund der erwähnten Verbrauchserhebungen — eine Annahme darüber getroffen, welcher Teil des Pro-Kopf-Verbrauchs durch Käufe bei der afrikanischen Landwirtschaft gedeckt wird. Dieser Verbrauch pro Kopf wird mit der Anzahl der potentiellen Abnehmer multipliziert, wobei man ihre Zahl aus den Ergebnissen des Bevölkerungszensus in Verbindung mit einer Annahme über das Bevölkerungswachstum ableitet. Die so errechnete Menge an verkauften Bodenfrüchten wird mit den entsprechenden durchschnittlichen Erzeugerpreisen gewogen. Der daraus resultierende Wert wird um einen bestimmten Prozentsatz erhöht, um auch den Wert der Handels- und Transportleistungen zu berücksichtigen.

β) Einnahmen aus den Verkäufen von Fleisch, Fellen und Häuten

Vom Veterinary Department in Entebbe wird eine Statistik über die Zahl der verkauften Häute und Felle geführt. Diese Zahl, mit den entsprechenden Produzentenpreisen gewichtet, ergibt den Erlös aus den Verkäufen von Häuten und Fellen. Von der eben erwähnten Statistik schließt man auch auf die Anzahl der geschlachteten Rinder, Ziegen und Schafe. Man nimmt an, daß nahezu sämtliche Felle und Häute der geschlachteten Tiere auf den Markt geliefert und somit von der Statistik des Veterinary Department erfaßt werden. Die Gesamtheit der geschlachteten Tiere wird *arbiträr* in Subsistenz- und Marktproduktion aufgeteilt, wobei diese mit dem auf Auktionen erzielten Durchschnittspreis gewichtet wird [1].

1959 betrug der Gesamterlös aus den Verkäufen von Fleisch, Häuten und Fellen rd. 5,5 Mill. ₤. Hinzuzufügen ist noch, daß dieser Betrag auch die Summe der Exportsteuern für Felle und Häute enthält, da diese wiederum nicht als indirekte, sondern als direkte Steuern behandelt werden [2].

γ) Einnahmen aus dem Verkauf von Milch

Die auf den Markt gebrachte Milchmenge wird von der Verbrauchsseite und von der Produktionsseite her geschätzt: einmal mit Hilfe der oben erwähnten Verbrauchserhebungen und zum anderen mit Hilfe des geschätzten Bestandes an Kühen in Verbindung mit einer Annahme über die durchschnittliche Milchleistung pro Kuh. Der *Mittelwert* aus den Ergebnissen

---

[1] Die Auktionspreise für Rinder werden vom Veterinary Department erhoben.

[2] Zur Begründung siehe die Ausführungen über die Exportsteuer auf Kaffee und Baumwolle auf S. 54.

der beiden Schätzungen gilt als plausibelster Wert. Die so ermittelte gesamte Milchmenge wird arbiträr aufgespalten in den selbstverbrauchten und den an den Markt gelieferten Teil. Die verkaufte Milchmenge wird mit dem Einzelhandelspreis multipliziert; so ergibt sich die Gesamteinnahme der afrikanischen Landwirtschaft aus den Verkäufen an Milch (1959 rd. 1,7 Mill. £).

δ) Einnahmen aus dem Verkauf von Bier

Mit Hilfe von Teilerhebungen gewinnt man vage Anhaltspunkte über den durchschnittlichen mengenmäßigen Bierverbrauch pro Erwachsenen. Über die Anzahl der Erwachsenen, die dem Bevölkerungszensus entnommen und dem Bevölkerungswachstum entsprechend korrigiert wird, wird der gesamte mengenmäßige Bierkonsum geschätzt. Man unterstellt arbiträr, daß ein bestimmter Teil des Gesamtkonsums durch Käufe, also über den Markt, gedeckt wird, und gewichtet diesen Marktanteil mit dem Einzelhandelspreis. 1959 beliefen sich die Erlöse aus dem Verkauf von Bier nach dieser Rechnung auf rd. 1,7 Mill. £.

b) Schätzung der Vorleistungen

Um zur Brutto-Wertschöpfung einer Branche zu gelangen, müssen zu den Erlösen einmal die erhaltenen Subventionen hinzuaddiert und zum anderen die bezogenen Vorleistungen und die indirekten Steuern abgezogen werden. Da die afrikanische Landwirtschaft weder Subventionen empfängt noch von indirekten Steuern belastet wird [1], gewinnt man die Brutto-Wertschöpfung als Differenz zwischen Erlös und Vorleistungen.

In den bisherigen Ausführungen war nur von den Erlösen die Rede. Die Brutto-Wertschöpfung der afrikanischen Landwirtschaft ergibt sich, wenn man die Erlöse um den Wert der Vorleistungen vermindert. Die von der afrikanischen Landwirtschaft erworbenen Vorleistungen von anderen Sektoren sind grundsätzlich sehr gering. Es handelt sich dabei vorwiegend um landwirtschaftliche Geräte, um Insektenbekämpfungsmittel und um Düngemittel. Da diese Güter in Uganda nicht produziert werden, kann man den Verbrauch der afrikanischen Landwirtschaft an solchen Gütern der Außenhandelsstatistik entnehmen.

Das verfügbare statistische Material läßt es nicht zu, die Vorleistungen getrennt für die verschiedenen landwirtschaftlichen Produkte, die über den Markt verkauft werden, zu berechnen. Es ist lediglich möglich, die *gesamten Vorleistungen* zu erfassen. Der Wert dieser gesamten Vorleistungen wird von den gesamten Einnahmen, die aus den Verkäufen resultieren, abgezogen. Die Differenz gilt als Brutto-Wertschöpfung der afrikanischen Landwirtschaft auf dem Gebiet der Marktproduktion.

---

[1] Wie schon erwähnt, wertet man die Exportsteuern auf Kaffee und Baumwolle sowie auf Felle und Häute und den an die lokalen Behörden fließenden Bonus auf Baumwolle nicht als indirekte, sondern als direkte Steuern.

Durch dieses Verfahren wird die berechnete Brutto-Wertschöpfung aus der Marktproduktion unter der tatsächlichen liegen; dagegen wird die so berechnete Brutto-Wertschöpfung aus der Subsistenzproduktion die tatsächliche überschreiten. Die gesamten Vorleistungen nämlich, die in gleicher Weise der Marktproduktion wie der Subsistenzproduktion dienen, gehen ausschließlich zu Lasten der Marktproduktion. Die Schätzung der gesamten Brutto-Wertschöpfung wird dadurch nicht beeinträchtigt, wohl aber ihre Aufteilung auf Markt- und Subsistenzproduktion.

2. Ermittlung der Brutto-Wertschöpfung afrikanischer nichtlandwirtschaftlicher Unternehmen

Den größten Beitrag zur Brutto-Wertschöpfung dieses Wirtschaftsbereichs leistet der *Handelssektor* (1959 gut 6 Mill. £). Danach folgen die Beiträge aus Fischfang und Transport. Die Brutto-Wertschöpfung aus Fischfang belief sich 1959 auf rd. 1,6 Mill. £, die aus Transport auf etwa 1,2 Mill. £.

a) Schätzung der Brutto-Wertschöpfung des afrikanischen Handels

Zum Teil wurde die Brutto-Wertschöpfung des Handels bisher mit Hilfe der Zahl der Händler und einem angenommenen Einkommen pro Händler geschätzt. Im übrigen leitete man die Brutto-Wertschöpfung aus dem Umsatz der Händler und der Differenz zwischen Produzentenpreis und Einzelhandelspreis ab. Über die Zahl der afrikanischen Händler gibt die Statistik der Händlerlizenzen Auskunft. Die Annahme über die durchschnittliche Brutto-Wertschöpfung pro Händler stützt sich auf Informationen, die von der Trade Development Section bereitgestellt werden. Im Jahr 1959 waren 15 700 afrikanische Händler registriert. Pro Händler wurde ein Brutto-Überschuß von 200 £ unterstellt.

b) Schätzung der Brutto-Wertschöpfung afrikanischer Transportunternehmen

Die Gesamtzahl der in Uganda laufenden Autos kann der Statistik der Autozulassungen entnommen werden. Die Aufteilung dieser Gesamtzahl auf afrikanische und nichtafrikanische Eigentümer wird mit Hilfe der Ergebnisse des *Hawkins Reports*[1] vorgenommen. Die weitere Unterteilung der Kraftwagen, die Afrikanern gehören, in gewerblich genutzte Fahrzeuge und nichtgewerblich genutzte Fahrzeuge erfolgt ebenfalls mit Hilfe des Hawkins Reports. Außerdem liefert der *Hawkins Report* Informationen über die durchschnittliche Brutto-Wertschöpfung der gewerblich genutzten Fahrzeugarten. Aus der Gesamtheit dieser Daten wird die Brutto-Wertschöpfung afrikanischer Transportunternehmen abgeleitet.

---

[1] Vgl. E. K. HAWKINS, An Economic Survey of Roads and Road Transport in Uganda, Entebbe 1959.

c) Schätzung der Brutto-Wertschöpfung des afrikanischen Fischfangs

Die hierfür notwendigen Informationen werden vom *Game and Fishery Department* zur Verfügung gestellt. Angehörige dieser Behörden besuchen regelmäßig die Fischereihäfen und gewinnen so eine Vorstellung über die Menge der Fische, die von Afrikanern an Land gebracht und auf dem Markt verkauft werden. Die Menge wird mit den auf den lokalen Fischmärkten erzielten Preisen gewichtet. Diese Wertgröße, also die Brutto-Einnahmen, werden um die entstandenen Vorleistungen vermindert, was die Brutto-Wertschöpfung des afrikanischen Fischfangs ergibt.

3. Ermittlung der Brutto-Wertschöpfung von öffentlichen Behörden, Körperschaften und nichtafrikanischen Unternehmen

Die Brutto-Wertschöpfung dieses Sektors wird mit Hilfe der additiven Methode [1] erfaßt: Die Summe der Löhne, Gewinne, Mieten und der Abschreibungen werden getrennt voneinander erhoben und zur Brutto-Wertschöpfung zusammenaddiert.

a) Ermittlung der Lohnsumme

Durch Fragebogen, die an sämtliche Behörden und Unternehmen gehen, werden *die Zahl der Beschäftigten und die Summe der ausbezahlten Löhne* erfaßt. Diese Erhebung wird periodisch durchgeführt.

b) Ermittlung der Unternehmereinkommen

Als Informationsquelle für die Gewinne der Unternehmen dient die Einkommensteuerstatistik. Schwierigkeiten ergeben sich daraus, daß in der Einkommensteuerstatistik einmal die eingetretenen Verluste nicht in Erscheinung treten, und zum anderen dadurch, daß die Verluste, die im Vorjahr eingetreten sind, vom Einkommen des laufenden Jahres abgesetzt werden können.

c) Ermittlung der Abschreibungen

Löhne und Unternehmereinkommen ergeben zusammengefaßt die Wertschöpfung. Da jedoch die Gesamtrechnung Ugandas auf die Brutto-Wertschöpfung abstellt, ist es notwendig, die Höhe der Abschreibungen zu schätzen und der Summe aus Lohn und Gewinn hinzuzufügen. Über die Höhe der Abschreibungen bestehen *keine befriedigenden Informationen*. Man war bisher auf die Ergebnisse einer 1957 durchgeführten Stichprobe angewiesen, bei der die Relation zwischen der Höhe der Abschreibungen und der Lohnsumme, getrennt nach Wirtschaftsbereichen, ermittelt wurde.

d) Ermittlung der Mieten

Zu den Mieten werden nicht nur die tatsächlich bezahlten Mieten gerechnet, sondern *auch fiktive Mieten* für solche Wohnungen, die vom Eigentümer selbst bewohnt werden. Strenggenommen gehört diese Miet-

---

[1] Vgl. S. 51 ff.

summe zur Brutto-Wertschöpfung des Subsistenzsektors und nicht zu der
des Marktsektors. Es ist jedoch üblich, die fiktiven Mieten zu der Brutto-
Wertschöpfung des Marktsektors zu rechnen und damit so zu tun, als
würden Eigentümer und Mieter der Wohnung immer auseinanderfallen. Es
muß noch betont werden, daß die Miete im hier gebrauchten Sinne auch die
Abschreibungen einschließt und sich nicht nur auf den Preis für die
Wohnungsnutzung beschränkt. Die Gesamtrechnung Ugandas will ja
gerade die Brutto-Wertschöpfung ermitteln.

α) Miete für öffentliche Gebäude

Das Mieteinkommen der öffentlichen Hand belief sich 1959 auf rd.
1,7 Mill. ₤. Dieser Betrag setzt sich aus zwei Komponenten zusammen:
Einmal aus den an die öffentliche Hand bezahlten Mieten und zum anderen
aus fingierten Mieten für Wohnungen, die von der öffentlichen Hand selbst
beansprucht werden.

β) Miete für private Gebäude

Der Steuerstatistik kann man entnehmen, in welcher Höhe den von der
Steuer erfaßten Personen Mieteinnahmen zufließen. Für vom Eigentümer
selbst genutzte Wohnungen werden Mieteinnahmen fingiert. Die dafür
notwendigen Informationen werden ebenfalls weitgehend der Steuerstatistik
entnommen. 1959 errechneten sich auf diese Weise Mieten für die Nutzung
privater Wohnungen in Höhe von knapp 1,9 Mill. ₤.

II. Methoden zur Ermittlung der Brutto-Wertschöpfung aus der Subsistenzproduktion

Die Schätzung der Subsistenzproduktion erfolgt nach verschiedenen
Methoden, je nachdem, um welche Erzeugnisgruppen es sich handelt. Die
wichtigsten Erzeugnisgruppen sind:

1. Bodenfrüchte
2. Fleisch
3. Milch
4. Bier
5. Fische
6. Feuerholz und Bauholz.

1. Schätzung des Selbstverbrauchs an Bodenfrüchten

Der Wert der selbstverbrauchten Menge an Bodenfrüchten wird mit
Hilfe von drei Informationen bestimmt:

a) Zahl der Selbstversorger
b) Durchschnittlicher Verbrauch pro Kopf
c) Produzentenpreise auf den lokalen Märkten.

Als Zahl der Selbstversorger wird die Differenz aus der Zahl der
afrikanischen Bevölkerung und der in den Stadtgebieten lebenden Afrikaner

betrachtet. Die betreffenden Angaben werden dem Bevölkerungszensus entnommen, wobei sie entsprechend dem Bevölkerungswachstum korrigiert werden. Der durchschnittliche Verbrauch pro Kopf wird, getrennt nach Regionen, mit Hilfe der Ergebnisse der sog. *Diet Surveys* geschätzt, die 1956 von der Weltgesundheitsorganisation durchgeführt wurden. Obgleich diese Erhebungen schon Jahre zurückliegen, arbeitet man auch heute noch mit ihnen, da es keine aktuelleren Informationen gibt. Die Größe „durchschnittlicher Verbrauch pro Kopf" wird also schon seit Jahren konstant beibehalten.

Die Menge an selbst verbrauchten Gütern, die man so über die Zahl der Selbstversorger und den durchschnittlichen Verbrauch pro Kopf ermittelt hat, wird mit dem Produzentenpreis der lokalen Märkte gewogen. Der sich ergebende Wert, d. i. der *Herstellungswert des Selbstverbrauchs*, wird als Brutto-Wertschöpfung interpretiert. Weder Vorleistungen noch Lagerveränderungen werden berücksichtigt. Sämtliche Vorleistungen werden von der Marktproduktion abgezogen, und was die Lager angeht, so nimmt man an, daß die Lagerhaltung in der Eingeborenen-Landwirtschaft sich von Jahr zu Jahr nicht verändert, die Wertschöpfung also von dieser Seite her nicht beeinflußt wird. Der Beitrag der Subsistenzwirtschaft an Bodenfrüchten errechnete sich auf diese Weise im Jahr 1959 auf gut 29,6 Mill. £.

2. Schätzung des Selbstverbrauchs an Fleisch, Milch, Fisch und Bier

Weiter oben [1] wurde schon beschrieben, wie die gesamte wertmäßige Produktion an Fleisch, Milch, Fisch und Bier geschätzt wird. Der Wert der Subsistenzproduktion an diesen Produkten ergibt sich aus der Differenz zwischen dem Wert der Gesamtproduktion und dem Wert der Marktproduktion. Zu ergänzen ist noch, daß bei der Subsistenzproduktion an Bier nur auf die verwendeten Rohmaterialien abgestellt wird, da die beim Bierbrauen aufgewandte Arbeitsleistung nicht zur Primärproduktion, sondern zur Sekundärproduktion zählt und somit nicht zur Subsistenzproduktion gerechnet wird — ebensowenig wie etwa auch das Verarbeiten des Getreides zu Mehl. Was die beim Bierbrauen verbrauchten Rohmaterialien angeht, so wird unterstellt, daß deren Wert 60 % des potentiellen Marktwertes des Biers ausmacht. 1959 belief sich der Wert der Subsistenzproduktion der o. g. Güter auf rd. 7,1 Mill. £, wobei die größten Anteile — nämlich jeweils etwa 3 Mill. £ — auf die Subsistenzproduktion an Fleisch und an Ausgangsprodukten für das Brauen von Bier entfielen.

3. Schätzung des Wertes des gesammelten Feuerholzes und der selbstgebauten Hütten

Dem Feuerholz an sich wird kein Wert beigemessen, da Holz im afrikanischen Busch ein freies Gut ist und somit keinen Wert haben kann.

---

[1] Vgl. S. 55 ff.

In Rechnung gestellt werden lediglich die Arbeitsstunden, die zum Sammeln
des Feuerholzes notwendig sind; man bewertet sie mit einem bestimmten
Lohnsatz pro Stunde. Der Verbrauch an Feuerholz pro Kopf wurde durch
den „Wood Consumption Survey", durchgeführt von der Food and Agriculture Organization, ermittelt. Vom Pro-Kopf-Verbrauch gelangt man über
Bevölkerungszahlen zum gesamten Verbrauch, und von dieser Größe aus
schließt man auf die für das Sammeln des Feuerholzes notwendigen
Arbeitsstunden, die, mit dem Lohnsatz der nächstbesten Beschäftigung
gewichtet, den Wert des Feuerholzes ergeben.

Was über das Feuerholz gesagt wurde, gilt entsprechend auch für die
von Afrikanern erstellten Hütten. Der Wert dieser Hütten wird nur vom
Wert der Arbeitsleistung bestimmt, die notwendig ist, das Bauholz herbei-
zuschaffen. Die für die Errichtung der Hütten erforderliche Arbeitsleistung
wird nicht beachtet, da sie nicht der Primär-, sondern der Sekundärproduktion dient. Die Informationen zur Schätzung des Wertes des Bauholzes
werden dem „Wood Consumption Survey" entnommen, wie dies auch beim
Feuerholz der Fall ist. 1959 wurde der Wert der Subsistenzproduktion an
Feuer- und Bauholz auf 4,3 Mill. £ geschätzt.

E. Beurteilung der Gesamtrechnungsergebnisse

Bei der Beurteilung der Ergebnisse, wie sie in der Gesamtrechnung
Ugandas ausgewiesen sind, geht es uns vor allem um zwei Fragen: Einmal
interessiert uns, bis zu welchem Grad die Gesamtrechnungsergebnisse als
zuverlässig gelten können, und zum anderen, welche Probleme die angewandten Erhebungs- und Schätzmethoden bei der Interpretation der Gesamtrechnungsergebnisse aufwerfen.

I. Zuverlässigkeit der Gesamtrechnungsergebnisse

Ausschlaggebend für den Grad der Zuverlässigkeit ist ohne Zweifel die
Art und Weise, wie die Gesamtrechnungsergebnisse zustande kommen.
Grundsätzlich kann man dabei drei Methoden unterscheiden:

1. Die reine Erhebung
2. Die reine Schätzung
3. Die (teilweise) empirisch fundierte Schätzung.

Bei der reinen Erhebung stützt sich eine Aussage ausschließlich auf
konkrete empirische Wahrnehmungen. Mit Hilfe dieser Methode wird in
Uganda die Wertschöpfung der öffentlichen Hand (öffentliche Betriebe und
Verwaltungsbehörden), der Gesellschaften und der nichtafrikanischen Unternehmen ermittelt. Was die Wertschöpfung der afrikanischen Unternehmen
angeht, so beruht nur ein Teil auf statistischen Erhebungen. Dazu gehören
die Erlöse aus dem Verkauf von Kaffee und Baumwolle sowie die Erlöse

aus dem Export. Legt man das Jahr 1959 zugrunde, so stellt sich heraus, daß vom Brutto-Inlandsprodukt Ugandas *etwa die Hälfte mit Hilfe von statistischen Erhebungen* berechnet wurde. Im einzelnen handelt es sich dabei um folgende Posten:

1. Die durch Fragebogen erhobene Lohnsumme, die von der öffentlichen Hand, von Gesellschaften und von nichtafrikanischen Unternehmen ausbezahlt wurde (32,5 Mill. £),
2. die ebenfalls mit Hilfe von Fragebogen über die Steuerstatistik erfaßten Überschüsse der öffentlichen Betriebe, Gesellschaften und nichtafrikanischen Unternehmen (15,0 Mill. £),
3. die von der afrikanischen Landwirtschaft an die Boards verkauften Mengen an Baumwolle und Kaffee (27,5 Mill. £),
4. die von der afrikanischen Landwirtschaft exportierten Güter (ohne Kaffee und Baumwolle), die durch die Exportstatistik festgehalten werden (0,7 Mill. £).

Die übrigen Größen sind vorwiegend das Ergebnis von Schätzungen, die teilweise statistisch unterbaut sind. Dies gilt in erster Linie für die Ermittlung der Wertschöpfung aus der Subsistenzproduktion. Die reine Schätzung tritt in der Gesamtrechnung Ugandas äußerst selten auf (Wertschöpfung aus dem Fischfang). Zusammenfassend läßt sich sagen, daß rd. die Hälfte des Brutto-Inlandsprodukts mit Hilfe von Statistiken erfaßt wird, während die andere Hälfte aus einer Kombination von Statistiken und mehr oder minder vagen Annahmen abgeleitet wird.

II. Interpretationsprobleme

Als Kennziffer für die wirtschaftliche Entwicklung eines Landes wird häufig die *Wachstumsrate* des Sozialprodukts verwendet. Diese Kennziffer ist in Entwicklungsländern schon aus methodischen Gründen sehr problematisch und sollte daher mit größter Vorsicht interpretiert werden.

Der größte Teil der Brutto-Wertschöpfung aus der Subsistenzproduktion wird von der Verbrauchsseite her geschätzt. Die Bevölkerungszahl einer bestimmten Region [1] wird mit dem mengenmäßigen Verbrauch pro Kopf multipliziert, und der sich so ergebende mengenmäßige Gesamtverbrauch wird mit den entsprechenden Erzeugerpreisen gewichtet. Dabei ist man bis in die letzte Zeit hinein noch von den gleichen Pro-Kopf-Verbrauchsquoten ausgegangen, wie sie vor Jahren durch die sogenannten *„Diet Surveys"* bzw. den *„Wood Consumption Survey"* ermittelt wurden. Stillschweigend wird unterstellt, daß die Versorgungslage der einheimischen

---

[1] Der Umfang der jeweiligen Bevölkerung wird mit Hilfe der Ergebnisse des Bevölkerungszensus ermittelt, wobei diese Zahlen dem Bevölkerungswachstum entsprechend korrigiert werden. Wanderungsgewinne bzw. -verluste der einzelnen Regionen werden nach Möglichkeit berücksichtigt.

Bevölkerung, gemessen am Verbrauch pro Kopf, in den letzten Jahren unverändert blieb. Außerdem ist der Stichprobenumfang der genannten Untersuchungen äußerst klein und damit die Irrtumswahrscheinlichkeit relativ groß. Ganz abgesehen davon, daß man schwerlich von echten Stichproben sprechen kann.

Die Subsistenzproduktion könnte erheblich genauer ermittelt werden, wenn man sich auf *periodisch durchgeführte Haushaltsuntersuchungen* stützen könnte, anstatt nur auf die Verbrauchserhebungen des Jahres 1956 angewiesen zu sein. Ein weiterer Fortschritt bestünde in dem Versuch, die Subsistenzproduktion außerdem von der Produktionsseite her zu erfassen, was in Uganda beabsichtigt ist. Das könnte so erreicht werden, daß man jährlich den Umfang der bebauten Fläche und den durchschnittlichen Ertrag pro Flächeneinheit mit Hilfe von *Stichprobenerhebungen* ermittelt. Auf diesem Wege ließe sich jährlich die mengenmäßige Gesamtproduktion der afrikanischen Landwirtschaft von zwei Seiten her schätzen. Durch einen Vergleich der unabhängig voneinander gewonnenen Ergebnisse könnten Rückschlüsse auf die Genauigkeit der Erhebungsverfahren zur Ermittlung der Subsistenzproduktion gezogen werden.

Es sei betont, daß durch die Verwendung der Ergebnisse der Verbrauchserhebungen von 1956 nicht der wertmäßige, sondern der mengenmäßige Verbrauch pro Kopf als *Konstante* angesehen wird. Die Relation „wertmäßiger Verbrauch pro Kopf" kann sich also im Zeitablauf durchaus verändern, und zwar infolge von Schwankungen der Produzentenpreise, mit denen der mengenmäßige Verbrauch gewogen wird.

Da ein Teil der realen Subsistenzproduktion mit Hilfe eines konstanten Pro-Kopf-Verbrauchs ermittelt wird, wächst dieser Teil der realen Subsistenzproduktion im Gleichschritt mit der Bevölkerung. Die Wachstumsrate eines erheblichen Teils des realen Inlandsprodukts ist also von der Schätzmethode her bereits festgelegt und von vornherein an die Wachstumsrate der Bevölkerung gebunden.

Die Tragweite dieses Problems läßt sich überschauen, wenn man ermittelt, in welchem Umfang das Sozialprodukt Ugandas von der Verbrauchsseite her (konstanter realer Verbrauch pro Kopf) berechnet wurde. Wir gehen dabei von den Ergebnissen des Jahres 1959 aus. 1959 betrug die Brutto-Wertschöpfung der afrikanischen Unternehmen 95,7 Mill. £, also rund zwei Drittel des Brutto-Inlandsprodukts Ugandas (149,1 Mill. £). Es ist nicht möglich, die Brutto-Wertschöpfung von 95,7 Mill. £ genau auf die einzelnen Erzeugnisgruppen zu verteilen; denn die Vorleistungen, die der afrikanischen Landwirtschaft von anderen Sektoren zugeflossen sind, werden nicht getrennt für die einzelnen Erzeugnisgruppen geschätzt. Auch wenn man die Vorleistungen der afrikanischen Landwirtschaft einfach außer acht läßt, kann doch eine gute Annäherung erreicht werden, weil die betreffenden Vorleistungen äußerst niedrig sind (1959 = 0,5 Mill. £). Dieses Vorgehen vermag daher die Relationen der einzelnen Wertgrößen nicht spürbar zu beeinflussen.

Tabelle 12. *Die Brutto-Wertschöpfung der afrikanischen Unternehmen in Uganda (einschließlich Subsistenzproduktion) gegliedert nach Erzeugnisgruppen (1959)*

Erzeugnisgruppen	Mill. £	%
1. Baumwolle und Kaffee	27,509	29
2. Bodenfrüchte	34,935	36
3. Fleisch, Häute und Felle	8,601	9
4. Milch	2,443	3
5. Feuerholz und Bauholz	4,540	5
6. Bier	9,035	9
7. Fische	1,891	2
8. Handelsleistungen	6,080	6
9. Transportleistungen	1,166	1
Brutto-Wertschöpfung + Vorleistungen der afrikanischen Unternehmen (95,735 Mill. £ + 0,465 Mill. £)	96,200	100

Quelle: East African Statistical Department, The Gross Domestic Product of Uganda, Entebbe 1961, S. 24 und S. 44.

Die Brutto-Wertschöpfung aus der Produktion von Bodenfrüchten (ausgenommen Exporte in Höhe von 0,7 Mill. £), aus dem Sammeln von Feuer- und Bauholz sowie aus dem Brauen von Bier wird über den Verbrauch ermittelt. 1959 belief sich die so erfaßte Brutto-Wertschöpfung auf 47,8 Mill. £. Rund die Hälfte der gesamten Brutto-Wertschöpfung afrikanischer Unternehmen und *rund ein Drittel* des Brutto-Inlandsprodukts Ugandas wird also über konstante reale Verbrauchsquoten pro Kopf berechnet; sie unterliegt somit einem von der Schätzmethode her implizierten realen Wachstum, das gerade dem der Bevölkerung entspricht.

Muß man damit rechnen, daß durch die Annahme eines konstanten mengenmäßigen Pro-Kopf-Verbrauchs eine systematische Unter- oder Überschätzung der mengenmäßigen Produktion des Subsistenzsektors eintritt? Die Produktion etwa von Mais kann grundsätzlich auf drei Wegen erhöht werden: Erstens, die bebaute Fläche wird vergrößert, während die traditionellen Produktionsmethoden beibehalten werden. Falls das zusätzlich bebaute Land die gleiche Bonität aufweist wie das bisher bebaute, wird durch diese Maßnahme der Ertrag pro Hektar nicht verändert. Wir nennen eine solche Ausdehnung der Produktion eine Produktionssteigerung auf der horizontalen Ebene.

Dem steht als zweite Möglichkeit eine Produktionssteigerung auf der vertikalen Ebene gegenüber: Man läßt die bebaute Fläche unverändert, verwendet jedoch bessere Produktionsmethoden als bisher und erhöht so den Hektarertrag und damit auch die Gesamtproduktion.

Der dritte Weg zu einer Produktionsausweitung besteht schließlich aus einer Kombination der beiden ersten: Die bebaute Fläche wird ausgeweitet, und gleichzeitig werden bessere Produktionsmethoden eingesetzt und höhere Hektarerträge erzielt.

Wir unterstellen, daß in Uganda noch freies kultivierbares Land vorhanden ist und somit der Versuch, die bebaute Ackerfläche auszudehnen, keinen Schwierigkeiten begegnet. Selbst wenn die landwirtschaftliche Produktionstechnik der Afrikaner keine Fortschritte erführe, besteht bei einer Bevölkerungsvermehrung die Möglichkeit, das bisherige Versorgungsniveau aufrechtzuerhalten, indem man die bebaute Fläche parallel zur Bevölkerungsvermehrung ausweitet. Das bedeutet aber nichts anderes, als daß die Produktion im Gleichschritt mit der Bevölkerung wächst.

Diese Überlegungen führen zu folgendem Schluß: Solange noch freies kultivierbares Land vorrätig ist, dürfte die *Wachstumsrate* der Bevölkerung *die untere Grenze* für das Wachstum der Subsistenzproduktion bilden. Vermutlich wird diese Wachstumsrate etwas über der der Bevölkerung liegen, je nachdem in welchem Ausmaß sich ergiebigere Produktionstechniken durchsetzen. Die Brutto-Wertschöpfung der afrikanischen Unternehmen dürfte somit unterschätzt werden.

In allen Entwicklungsländern ist man heute bestrebt, mittels nationaler Entwicklungspläne eine nachhaltige wirtschaftliche Entwicklung einzuleiten. Um solche groß angelegten Pläne überhaupt formulieren und später überprüfen zu können, benötigt man — neben anderen Informationen — eine detaillierte und auf soliden statistischen Grundlagen aufgebaute Gesamtrechnung. Eines der Hauptprobleme Ugandas, wie auch der meisten anderen afrikanischen Entwicklungsländer, besteht darin, die derzeitige Gesamtrechnung zu verfeinern und deren statistisches Fundament zu verbessern. Man wird darangehen müssen, die großenteils unbefriedigenden Schätzungen durch sorgfältige statistische Erhebungen zu ersetzen.

Bevor das geschehen ist, sollte man die Daten der Gesamtrechnung *mit Vorbehalt* verwenden, da sie in der Regel mit erheblichen Fehlern belastet sein werden. Aus diesen und daneben aus methodischen Gründen stellen die Wachstumsraten des Sozialprodukts und des Pro-Kopf-Einkommens *nur bedingt* gültige Charakteristika für den wirtschaftlichen Fortschritt der Entwicklungsländer dar. Besonders problematisch sind *zwischenstaatliche Vergleiche,* da sich nicht selten sowohl die Begriffsabgrenzungen als auch die Schätzmethoden von Land zu Land beträchtlich unterscheiden. Diese Schwierigkeiten dürften sich im Laufe der Zeit vermindern, denn in allen Ländern geht man daran, die Gesamtrechnung auszubauen und die Terminologie zu vereinheitlichen. Ein Teil der in der vorliegenden Studie angedeuteten Probleme wird hoffentlich in nicht zu ferner Zeit der Vergangenheit angehören.

Literaturhinweise

PH. BERTHET: Propositions pour un système intermédiaire de comptabilité nationale à l'usage des pays africains. (Entwurf für die ECA-Tagung "On the adaptation of national accounts" vom 24.—29. 9. 1962 in Addis Abeba.)

G. C. BILLINGTON: A Minimum System of National Accounts for African Countries and some related problems. Studie für die African Conference of the International Association for Research in Income and Wealth, Addis Abeba, Januar 1961. (Die Studien von LE HÉGARAT und BILLINGTON sind abgedruckt in: Report of the Working Group on the Uses of National Accounts in Africa. Economic Commission for Africa, Addis Abeba, Januar 1961.)

CCTA/OEEC: P. ADY and M. COURCIER: Systems of National Accounts in Africa, Paris 1960.

Central Statistical Office: National Accounts of the Federation of Rhodesia and Nyasaland, 1954—1962. Salisbury 1963.

M. COURCIER: Essai de Manuel de Comptabilité Economique adapté aux pays tropicaux, Paris 1957. 2. Auflage 1963 als Bd. 3 der Serie „Planification en Afrique" des Ministère de la Coopération in Paris.

— Initation à la Comptabilité Nationale, Paris 1957, INSEE.

PH. DEANE: Colonial Social Accounting; Cambridge 1953.

— The Measurement of Colonial National Incomes; Cambridge 1948.

J. G. KLEVE and G. H. HARVIE: National Income of Sudan; Khartoum 1959.

Department of Statistics: Capital Formation and Increase in National Income in Sudan 1955—1959. Khartoum 1962.

— National Income of the Sudan 1955/56—1959/60. Khartoum 1962.

East African Statistical Department, Kenia Unit: Estimates of the Geographical Income and Net Output, Nairobi 1952.

— Domestic Income and Product in Kenya, Nairobi 1959.

East African Statistical Department, Tanganyika Unit: The Gross Domestic Product of Tanganyika 1954—1957. Dar-es-Salaam 1959.

East African Statistical Department, Uganda Unit: The Geographical Income of Uganda 1950—1956. Entebbe 1957.

— The Gross Domestic Product of Uganda 1954—1959. Entebbe 1961.

ECA: Economic Bulletin for Africa, Juni 1961. "National Accounts in Afrika and relevant ECA-Activities", S. 29—50.

— Report of the Working Group on the Uses of National Accounting in Africa, Addis Abeba 1961 (E/CN.14/84.)

— Report of the Working Group on the Adaptation of the United Nations System of National Accounts for Use in Africa, Addis Abeba 1963 (E/CN.14/211.)

— Report of the Working Group on the Treatment of Non-Monetary (Subsistence) Transactions within the Framework of National Accounts, Addis Abeba 1960.

G. LE HÉGARAT: Comptes Economiques des Pays d'Afrique Noire de la Zone Franc. Studie für die African Conference of the International Association for Research Income and Wealth, Addis Abeba, Januar 1961.

International Association for Income and Wealth: African Studies in Income and Wealth (ed. L. H. Samuels), London 1963.

H. LEROUX and J. P. ALLIER: Comptes Economiques, Présentation Normalisée. Bd. 4 der Serie „Planification en Afrique" des Ministère de la Coopération in Paris.

OEEC: A Standardized System of National Accounts, Paris 1958.

A. Peacock and D. Dosser: The National Income of Tanganyika 1952—54.
Colonial Office, Colonial Research Study No. 26; London 1958.
A. R. Prest and I. G. Stewart: The National Income of Nigeria 1950/51, Colonial
Research Studies No. 2; London 1953.
United Nations: Systems of National Accounts and Supporting Tables, Series F,
No. 2, Rev. 1, New York 1960.
— Yearbook of National Accounts Statistics, New York, jährlich.

Die folgenden Hinweise, die dem statistischen Handbuch „Outre-Mer 1958"
entnommen sind, beziehen sich speziell auf die Entwicklung der volkswirtschaftlichen Gesamtrechnungen in den afrikanischen Ländern des ehemaligen französischen
Kolonialreiches; für die Orientierung über den neuesten Stand vgl. die Tabelle
auf S. 13.

Balance des comptes et balance des paiements de l'A.O.F.	1956	ST/AOF
Balance des comptes de l'A.O.F. Années 1955 et 1956 (provisoire)	März 1958	ST/AOF
Balance des comptes de l'A.O.F. Années 1955 et 1956 (définitif) (service des comptes économiques de l'AO.F.)	Juni 1958	ST/AOF
Communication présentée par M. Bastiani (chef de service de Statistique de l'A.E.F.) à la Conférence Interafricaine des Statistiques de Lourenço-Marquès le 21—10—1057 (2e session): 1. Evaluation en termes de travail des biens et services non commercialisés dans la comptabilité économique d'un pays tropical. 2. Le problème de l'estimation des stocks dans la comptabilité économique d'un pays tropical. 3. Étude méthodologique des comptes d'une exploitation individuelle africaine différenciée. Agrégation à un secteur rural	1958	ST/AEF
Comptes économiques de la Mauritanie pour 1952	Sept. 1953	ST/Sén
Comptes économiques des Administrations de l'Afrique équatoriale (1956)	Juni 1959	ST/AEF
Comptes économiques de l'A.O.F. Rapport no II: Inventaire des ressources humaines en 1956	März 1959	ST/AOF
Comptes économiques de l'A.O.F. 1956. Rapport no III: Comptes de produits. Tableaux ressources et emplois	März 1959	ST/AOF
Comptes économiques A.O.F. (1956). Rapport no IV: Marges de commercialisation	März 1959	ST/AOF
Comptes économiques A.O.F. (1956). Rapport no V: Comptes de secteurs	März 1959	ST/AOF
Comptes économiques A.O.F. (1956). Rapport no VI: Echanges interterritoriaux	März 1959	ST/AOF
Contribution à l'étude de la balance des comptes et de la balance des paiements des T.O.M.	Nov. 1950	ST/FOM

Essai de récapitulation des éléments connus à Dakar
pour servir à un calcul du revenu national de
l'A.O.F. en 1951 . . . .   Febr. 1953   ST/AOF
Étude rapide sur l'économie de la Guinée (en termes
de compte économique) . . . .   Juni 1958   ST/AOF
Étude du revenu et des comptes économiques du
Cameroun en 1951, par M. Leveugle, administra-
teur de l'I.N.S.E.E. (2 tomes) . . . .   Juli 1953   ST/FOM
Inventaire des ressources humaines de l'A.E.F. en
1956 (dans le cadre d'un inventaire général pour
la comptabilité économique)   1958   ST/AEF
Note sur l'étude du revenue national dans les pays
tropicaux . . . .   Aug. 1952   ST/FOM
Notions de comptabilité économique à l'usage des
régions africaines, de M. Bastiani (chef du Service
de Statistique l'A.E.F.)   1958   ST/AEF
Produit et revenu du coton, campagnes 1953—1954
et 1954—1955   1958   ST/AEF
Rapport de la Mission effectuée du 1er—7 au 20—
8—1955 par MM. Courcier, administrateur du Ministère des Finances et Malinvaud, administrateur
de l'I.N.S.E.E., sur les comptes économiques de
Madagascar   1955   ST/Mad
Revenu de l'Agriculture de l'Ouest africain, de Heim
de Balzac . . . .   Dez. 1956   ST/FOM

Erläuterung der Abkürzungen

ST/AOF = Service des Études et de coordination Statistique et Mécanographique
de l'A.O.F.
ST/AEF = Service de Statistique Générale de l'A.E.F.
ST/Sén = Service de Statistique du Sénégal et de la Mauritanie.
ST/FOM = Service des Statistiques de l'Administration générale des Services du
Ministère de la F.O.M.
ST/Mad = Service de Statistique générale de Madagascar.

Literatur zu den gebräuchlichen Klassifizierungen und deren Beziehungen untereinander
(vgl. S. 20) [1]

A = United Nations: Systems of National Accounts and Supporting Tables,
S. 39 f. — Verhältnis von 1 a zu 1 b.
B = OEEC: Standardized System of National Accounts, S. 56. — Verhältnis von
2 a zu 1 b.
C = Statistisches Amt der Europäischen Gemeinschaften: Classification Statistique
et Tarifaire pour le Commerce International (CST), Bruxelles 1961, S. 33 ff.
und S. 7 ff. — Verhältnis zu 1 b und 6 a.
D = Ibidem, S. 47 ff. — Verhältnis von 3 b zu 3 a.

---

[1] Übernommen von der EWG, Document de Travail No. 2 der Expertentagung
vom September 1961: Sousclassification du Secteur Agriculture, Sylviculture, Chasse
et Pêche dans la Comptabilité Nationale applicable aux pays africains en voie de
développement. Schema und Annex II.

E = Ministère des Finances, Paris: Statistiques et Études Financières, Tableau Economique de l'année 1951; Février/mars 1957, S. 117 f. — Verhältnis von 4 a zu 4 b.

F = Ibidem, S. 119 ff. — Verhältnis von 4 d zu 4 e und 6 a.

G = Ibidem, S. 114 ff. — Verhältnis von 4 e zu 4 b.

H = Ministère des Finances, Service des Études Economiques et Financières: Les Comptes de la Nation, Vol. II, Les Méthodes; Paris 1960, S. 96 ff. — Verhältnis von 4 f zu 4 c.

J = COURCIER, M.: Essai de Manuel de Comptabilité Economique adapté aux pays tropicaux, S. 97. — Verhältnis von 5 b zu 4 b.

K = Banque Centrale des États de l'Afrique de l'Ouest: Note d'Information No. 69, Avril 1961. Une Comptabilité Economique adapté à l'Afrique Tropicale, S. XVI. — Verhältnis von 5 c zu 5 a.

L = KIRSCHEN, E. S.: La Structure de l'Economie Européenne en 1953, OEEC; Paris, S. 41 f. — Verhältnis von 6 b zu 1 b.

M = BILLINGTON, C. G.: A Minimum System of National Accounts for African Countries and some Related Problems, S. 24. — Verhältnis von 6 c zu 1 b.